COLOR

FURNISHING DESIGN

软装配色教程
从入门到精通

李江军 黄涵 编著

辽宁人民出版社

© 李江军 黄涵 2020

图书在版编目（CIP）数据

软装配色教程：从入门到精通 / 李江军，黄涵编著． — 沈阳：
辽宁人民出版社，2020.11
ISBN 978-7-205-09966-4

Ⅰ．①软… Ⅱ．①李… ②黄… Ⅲ．①住宅－室内装饰设计－
配色－教材 Ⅳ．① TU238.2

中国版本图书馆 CIP 数据核字 (2020) 第 187939 号

出版发行：辽宁人民出版社
　　　　　地址：沈阳市和平区十一纬路 25 号　邮编：110003
　　　　　电话：024-23284321（邮　购）　024-23284324（发行部）
　　　　　传真：024-23284191（发行部）　024-23284304（办公室）
　　　　　http://www.lnpph.com.cn
印　　刷：辽宁新华印务有限公司
幅面尺寸：210mm×265mm
印　　张：16
字　　数：370 千字
出版时间：2020 年 11 月第 1 版
印刷时间：2020 年 11 月第 1 次印刷
责任编辑：郭　健
装帧设计：徐开明
责任校对：吴艳杰
书　　号：978-7-205-09966-4

定　　价：298.00 元

前言
FOREWORD

　　色彩是通过眼、脑和人们的生活经验所产生的一种对光的视觉效应。人对颜色的感觉不仅仅由光的物理性质所决定，比如还往往受到周围颜色的影响。色彩在室内设计中起着改变或者创造某种格调的作用，会给人带来某种视觉上的差异和艺术上的享受，而人在进入某个空间最初几秒钟内得到的印象75%是对色彩的感觉，然后才会去理解形体，可想而知色彩在设计中的重要性！

　　色彩与软装的关系是相辅相成的，色彩一方面是软装应用的重要元素和表达途径，另一方面也对软装形成一定的制约，使其在某种框架范围内发展。不同的色彩带给人不同的视觉感受，例如采用欢快的橙色、黄色为主色的室内空间能够表现出开朗、活泼的氛围，而以冷色调的蓝色、紫色为主色能够表现出沉静、稳重的感觉；以中性色的绿色为主色搭配白色、木色等则具有自然、舒适的视觉感受。除了色彩，纹样也是影响软装效果的一个重要元素，例如碎花纹样具有乡村的感觉，而大花纹样则显得奔放等。

　　本书基于成熟的色彩理论体系，深入结合国内室内全案设计的发展特点，归纳出适合当下室内色彩实战应用的色彩搭配规律。入门基础部分，将色彩理论体系与全案设计充分结合，对色彩属性、主次关系、配色方式以及色彩心理学等一一进行了深度分析。实战提升部分，引用知名设计大师的案例，对色彩与纹样在空间中的应用、常见室内风格配色方案、软装布艺的色彩搭配法则、室内软装元素的配色技法等内容进行了深入浅出的剖析，让读者更容易理解如何利用色彩为软装设计方案增彩的技巧。

　　本书是一本真正对软装风格、功能空间、布艺织物以软装元素进行深入解析的系统教材。其强大的实用性，众多软装色彩专家的经验分享与近千例最新国内外大师设计案例满足了不同层次读者的需求，既可用作软装培训机构的教材，又可作为室内设计师学习软装色彩的工具书。

目录
CONTENTS

第三章 色彩与纹样在空间中的应用 103

第一节 空间色彩搭配方式 104

Color

Furnishing Design

—软装配色教程—

从 入 门 到 精 通

1

COLOR

FURNISHING DESIGN

软装色彩设计基础入门

第一节

软装色彩的基本属性

1.1 色相概念与色相环的形成

色相是色彩最基本的特征，是区别各种不同色彩的最准确的标准，也是一种色彩区别于另一种色彩的最主要因素。如紫色、绿色、黄色等都代表了不同的色相。任何除了黑白灰以外的色彩都有色相的属性。

色相差别是由光波波长的长短产生的，可见光因波长的不同，给眼睛的色彩感觉也不同。即便是同一类色彩，也能分为几种色相，如黄色可以分为中黄、土黄、柠檬黄等，灰色则可以分为红灰、蓝灰、紫灰等。色相根据方法不同在分类上也会有不同，但是主要的色相有红、橙、黄、绿、蓝、紫等。这些是在从红到紫的连续变化的光谱上最具代表性的色相。

● **无彩色**

无彩色是指白色、黑色、灰色等感受不到色彩的颜色。无彩色没有色相和纯度，只用明度表示。

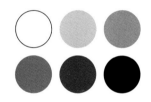

● **有彩色**

有彩色是指红色、橙色、黄色、绿色、蓝色、紫色等能够感受到色彩的颜色。有彩色具备色相、纯度和明度三种颜色的属性。

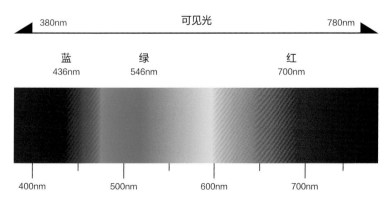

🔹 将太阳光分光之后，表现出人眼可以辨别出的"可见光"范围的光谱

通常采用色相环了解色彩之间的关系，色相环色彩少的有 6 种，多的则可以达到 24 种、48 种、96 种或更多，一般最常见的是 12 色相环，由 12 种基本的颜色组成，每一色相间距为 30 度。色相环中首先包含的是色彩三原色，原色混合产生了二次色，再用二次色混合，产生了三次色。

色相环中的三原色是红、黄、蓝色，在色相环中，只有这三种颜色不是由其他颜色混合而成，彼此势均力敌，三原色在色环中的位置呈平均分布，形成一个等边三角形。

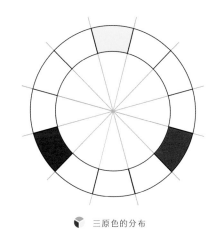

三原色的分布

间色是橙、紫、绿色，处在三原色之间，形成另一个等边三角形。

黄 + 蓝 = 绿

黄 + 红 = 橙

红 + 蓝 = 紫

复色由原色和间色混合而成，是红橙、黄橙、黄绿、蓝绿、蓝紫和红紫等六个颜色。井然有序的色相环让人能清楚地看出色彩平衡、调和后的结果。

黄＋橙 = 黄橙

红＋橙 = 红橙

红＋紫 = 红紫

黄＋绿 = 黄绿

蓝＋紫 = 蓝紫

蓝＋绿 = 蓝绿

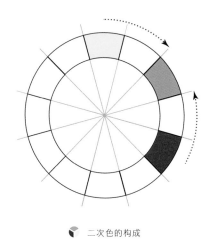

二次色的构成

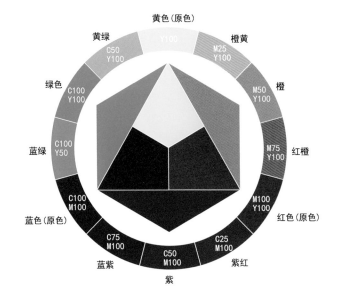

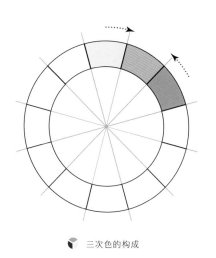

三次色的构成

(1.2) 呈现色彩鲜浊程度的纯度

即使是同一个红色，有像西红柿那样鲜艳的红色，也有像红豆那样的暗红色。同一色相中纯度最高的鲜艳色彩称为纯色。随着其他色彩的加入，色彩纯度将不断降低，色彩由鲜艳变得浑浊。纯度高的色彩充满活力和激情，纯度低的色彩具有低调、素雅的感觉。

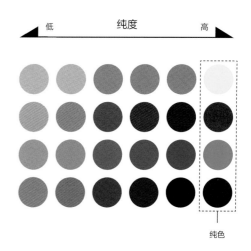

纯度越高的颜色越鲜艳，纯度越低的颜色就越显暗淡

两个都是相同的色相，但是右边纯度高，就会给人鲜艳的印象

由不同纯度组成的色调，接近纯色的叫高纯度色，接近灰色的叫低纯度色，处于两者之间的叫中纯度色。从视觉效果上来说，高纯度的色彩由于明亮、艳丽，因而容易引起视觉的兴奋和人的注意力；低纯度的色彩比较单调、耐看，更容易使人产生联想；中纯度的色彩较为丰富、优美，许多色彩似乎含而不露，但又个性鲜明。

低纯度色

中纯度色

高纯度色

1.3 表现色彩明暗差异的明度

色彩明度是指色彩的亮度或明度。比如黄色、柠檬黄和橘黄比起来的话，柠檬黄给人的感觉更亮。在所有的颜色中，白色明度最高，黑色明度最低。任何一种色相中加入白色，都会提高明度，白色成分越多，明度也就越高；任何一种色相中加入黑色，明度相对降低，黑色越多，明度越低。不过相同的颜色因光线照射的强弱不同，也会产生不同的明暗变化。

不同色相的明度也不同，从色相环中可以看到黄色最亮，即明度最高；蓝色最暗，即明度最低；青、绿色为中间明度。黄色比橙色亮，橙色比红色亮，红色比紫色亮。不同明度的色彩，给人的印象和感受是不同的。

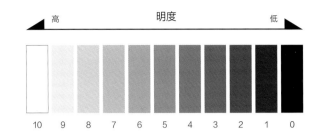

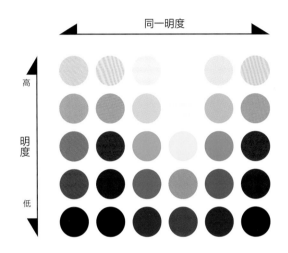

黄色比橙色亮，橙色比红色亮，红色比紫色亮

色彩从明度上来说分为高明度色彩、中明度色彩和低明度色彩。高明度色彩给人的感觉是明亮、轻快、活泼、优雅、纯洁；中明度色彩的配色，明度差小，给人以朴素、庄重、安静、刻苦、平凡的感觉；低明度色彩因全部都含有黑色，所以明度差小，色彩间容易得到调和的效果，给人的感觉是深沉、厚重、稳定、刚毅、神秘。

⒕ 色调分区和氛围表现

色调是指色彩的浓淡、强弱程度，是明度和纯度的复合概念，也是影响配色效果的首要因素。色彩的印象和感觉很多情况下都是由色调决定的。

即使红色作为一个颜色，也会有鲜艳的红色，以及灰暗的红色。根据亮度和纯度的不同，会有很多种红色的存在。这种色彩可以用明亮、阴暗、强、弱、浓、淡、浅、深等色调来表现。

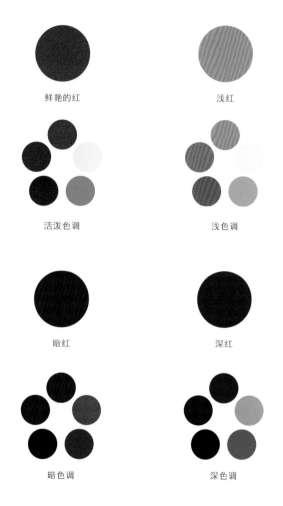

鲜艳的红　　　　　　　　浅红

活泼色调　　　　　　　　浅色调

暗红　　　　　　　　　　深红

暗色调　　　　　　　　　深色调

色调的类别很多。从色相分，有红色调、黄色调、绿色调、紫色调等；从色彩明度分，有明色调、暗色调、中间色调；从色彩的冷暖分，有暖色调、冷色调、中性色调；从色彩的纯度分，有鲜艳的强色调和含灰的弱色调等。以上各种色调又有温和和对比强烈的区分，例如鲜艳的纯色调、接近白色的淡色调、接近黑色的暗色调等。

◾ 鲜艳的纯色调

◾ 接近于黑色的暗色调

色调是决定色彩印象的主要元素。即使色相不统一，只要色调一致的话，画面也能展现统一的配色效果。日本色彩研究所研制的色彩搭配体系（PCCS）将各色相分为 12 种色调。

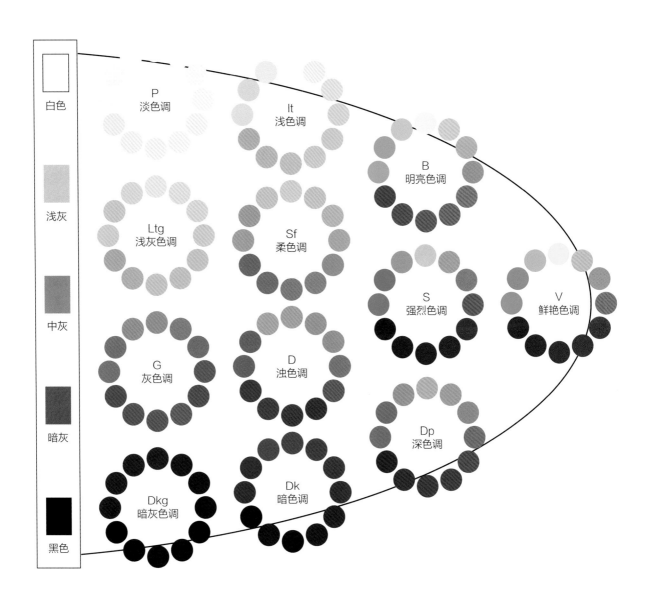

纯色是不掺杂白色和黑色，纯度最高的颜色。

明清色是在纯色中加入白色得出的颜色。

暗清色是在纯色中加入黑色得出的颜色。

中间色是在纯色中加入白色和黑色混合出的颜色。

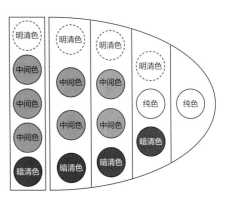

鲜艳色调

没有加入任何黑、白、灰进行调和的纯度最高的纯色，是活泼的、具有能量的色调。

色调印象 鲜明、活力、醒目、艳丽

强烈色调

纯色中混入少量的灰色的中间色。高纯度或中高明度是有力量感的色调，给人充满活力、开放的感觉。

色调印象 热情、动感、活泼、年轻

明亮色调

纯色中加入少量白色的明清色，是纯度高的明亮色调，营造快乐的氛围和清凉的感觉。

色调印象 纯净、健康、清爽、舒适

深色调

在纯色中加入些许黑色的暗清色。高纯度或低明度的颜色，具有力量和深度，给人以安定感的色调。

色调印象 浓重、华丽、高级、丰富

浅色调

纯色中混入白色的明清色，给人轻松印象的单色调。因为具有一定程度的纯度所以平衡性很好。

色调印象　温顺、柔软、纯真、纤细

浊色调

纯色中加入暗灰色的色调，中纯度、中明度，给人安心的、高雅的感觉。

色调印象　稳重、田园、浑浊、高档

柔色调

在纯色中混入高明度灰色。中纯度或高中明度，给人稳健和温柔的感觉，和浅色调比起来更具有安定的感觉。

色调印象　温柔、朦胧、和蔼、舒畅

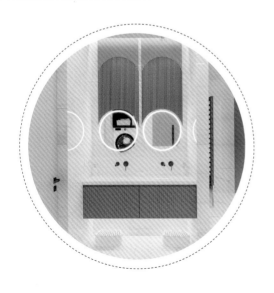

暗色调

纯色中混入黑色的暗清色。中纯度或低明度的暗色调，具有安定和厚重感。

色调印象　传统、古旧、坚实、执着

淡色调

纯色调中加入大量白色的明清色。是纯度最低的、明度最高的、清淡干净的色调。

色调印象	可爱、轻柔、浪漫、天真

灰色调

用纯色和大量的深灰色混合得到的色调。低纯度或中明度，具有稳健的感觉，是可安定气氛的色调。虽不起眼却还含有古朴的感觉。

色调印象	优雅、稳重、古朴、安静

浅灰色调

在纯色中加入高明度的灰色。是低纯度、中高明度的色调，给人高贵、安定的印象和轻柔的感觉。

色调印象	素净、高雅、内涵、女性

暗灰色调

用纯色和大量的深灰色混合得到的色调。低纯度、中低明度是给人安定感觉的色调，给人留下成熟、经典的印象。

色调印象	经典、强力、成熟、自然

空间色彩的主次关系

2.1 基本色的组成与应用

空间的基本色包括主体色和衬托色两部分。主体色主要是由大型家具或一些大型室内陈设、装饰织物所形成的中等面积的色块。衬托色常是体积较小的家具色彩，常用于陪衬主体，使主体更加突出。

衬托色   主体色

🔘 主体色与背景色呈对比关系，整体紧凑而富有活力

🔲 主体色与背景色相协调，显得优雅大方

✕ 很大的面积通常是空间背景色

✕ 面积过小很难成为主体

✓ 主体色通常是中等面积的色块

主体色在室内空间中具有重要作用，通常形成空间中的视觉中心，同时也是构成室内设计风格的主要元素，它们与背景色成为控制室内总体效果的主导色彩。在空间环境中，主体色需要被恰当地突显，才能在视觉上形成焦点，让人产生安心感。很多时候，主体色彩是通过材质本身的颜色来体现的。例如客厅的沙发、卧室的睡床等就属于其对应空间里的主体色。

主体色是室内色彩的主旋律。通常在小房间中，主体色宜与背景色相似，整体协调、稳重，使得空间看上去显得更大一点。若是大房间中，则可选用与背景色呈对比的色彩，产生鲜明、生动的效果，以改善大房间的空旷感。

衬托色在视觉上的重要性和体积次于主体色，分布于小沙发、椅子、茶几、边几、床头柜等主要家具附近的小家具。

如果衬托色与主体色保持一定的色彩差异，可以制造空间的动感和活力，但注意衬托色的面积不能过大，否则就会喧宾夺主。衬托色也可以选择主体色的同一色系和相邻色系，这种配色更加雅致。如果为了避免单调，可以通过提高衬托色的纯度形成层次感，因其与主体色的色相相近，整体仍然非常协调。

虽然作为衬托色的餐椅具有强势的色彩，但仍然不能取代餐桌的视觉中心地位

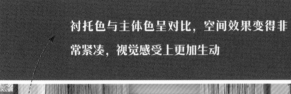

衬托色与主体色呈对比，空间效果变得非常紧凑，视觉感受上更加生动

衬托色与主体色呈邻近色搭配，主体色显得有些松弛，层次感不强

衬托色与主体色为同一色系，配色上表现出和谐的雅致感

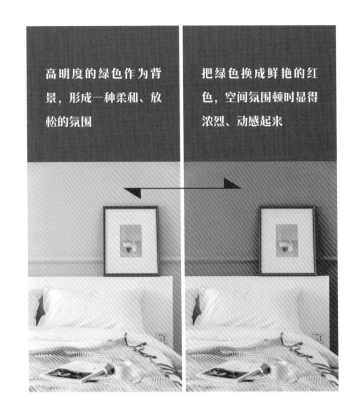

高明度的绿色作为背景，形成一种柔和、放松的氛围

把绿色换成鲜艳的红色，空间氛围顿时显得浓烈、动感起来

2.2 背景色的概念与应用

背景色常指室内的墙面、地面、吊顶、门窗等的色彩。就室内设计而言主要指墙纸、墙板、地面色彩，有时可以是家具、布艺等一些大面积色彩。背景色由于其绝对的面积优势，支配着整个空间的效果。因为在视线的水平方向上，墙面的面积最大，所以在空间的背景色中，以墙面的颜色对效果的影响最大。自然、田园气息的居室，背景色可选择柔和浊色调；华丽跃动的居室氛围，背景色应选择高纯度的色彩。

不同的色彩在不同的空间背景下，因其位置、面积、比例的不同，对室内风格有一定的影响，人的心理知觉与情感反应也会有所不同。例如：在硬装上，墙纸、墙板的色彩就是背景色；而在软装上，家具就从主体色变成了背景色来衬托陈列在家具上的饰品，形成局部环境色。根据色彩面积的原理，多数情况下，空间背景色多为低纯度的沉静色彩，纯度不要太高，形成易于协调的背景。

柔和浊色调的背景色适合自然、田园气息的居室

高纯度的背景色适合营造华丽跃动的居室氛围

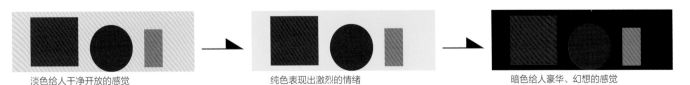

淡色给人干净开放的感觉

纯色表现出激烈的情绪

暗色给人豪华、幻想的感觉

同样的色彩，只要背景色发生变化，整体感觉也会跟着变化

2.3 点缀色的常见形态

点缀色是室内环境中最易于变化的小面积色彩，常常出现在一些花艺、灯具、抱枕、摆件、壁饰或装饰画上。点缀色一般都会选用高纯度的对比色，用来打破整体的单调效果。在少数情况下，为了营造低调柔和的整体氛围，点缀色可选用与背景色接近的色彩。虽然点缀色的面积不大，但是却在空间里具有很强的表现力。

在室内装饰中，整个硬装的色调比较素或者比较深的时候，在软装上可以考虑用亮一点的颜色来提亮整个空间。如果硬装和软装是黑白灰的搭配，可以选择一两件比较亮跳的单品来活跃氛围，在黑白灰的色调里搭配一抹红色、橘色或黄色，这样会带给人不间断的愉悦感受。

出现在小物件上的点缀色和整体色彩缺乏对比，配色效果显得单调、乏味

提升点缀色的纯度，使其从整体色彩中跳跃出来，配色变得生动

点缀色具有醒目、跳跃的特点，在实际运用中，点缀色的位置要恰当，避免成为添足之作，在面积上要恰到好处，如果面积太大就会将统一的色调破坏，面积太小则容易被周围的色彩同化而不能起到作用。在不同的空间位置上，对于点缀色而言，主角色、配角色和背景色都可能是它的背景。此外需要注意的是，不要为了丰富色彩而选用过多的点缀色，这会使室内显得零碎混乱，应在总体环境色彩协调的前提下适当地点缀，以便起到画龙点睛的作用。

灯具形态的点缀色

✕ 大面积鲜艳的色彩

✕ 小面积的不显眼的颜色

√ 小面积的鲜艳色彩

抱枕形态的点缀色

装饰画形态的点缀色

作为点缀色的常见软装元素

第三节
空间色彩的心理特征

3.1 色彩温度感

色彩温度简称色温，基本分成暖色与冷色两种。色彩本身无所谓冷暖，不同的色彩作用于人的感官，只是在每个人的心理上引起冷些或暖些的感觉和反应。色彩的冷暖感主要是色彩对视觉的作用而使人体所产生的一种主观感受。

红色、黄色、橙色以及占以上色彩比例 75% 以上的色彩能够给人温暖的感觉，通常看到暖色就会联想到灯光、太阳光、荧光等，所以称这类颜色为暖色。暖色的主要特征是视觉向前、空间变小、温暖舒适。

绿、蓝、紫以及占以上色彩比例 75% 以上的色彩会让人联想到天空、海洋、冰雪、月光等，使人感到冰凉，因此称这类颜色为冷色。冷色的主要特征是视觉后退、空间变大、宁静放松。

色彩的冷暖是相对的，比如绿色和黄绿色都归为冷色，但黄绿比绿要暖些；蓝色和蓝紫色也属冷色，但蓝紫要比蓝暖些。如果想把冷色变暖色加红，把暖色变更暖加黄；如果想把暖色变冷加白或加蓝，把冷色变更冷加白。

🔲 冷色变暖色，加红，暖色变更暖加黄

🔲 暖色变冷加白或加蓝，冷色变更冷加白

🔲 冷色的主要特征是视觉后退、空间变大、宁静放松

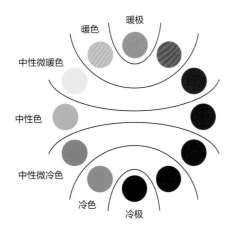

暖色的主要特征是视觉向前、空间变小、温暖舒适

中性色

中性色空间中利用色彩深浅变化与布艺织物的纹理创造出设计的丰富性

中性色是介于三大色——红黄蓝之间的颜色，不属于冷色调，也不属于暖色调，主要用于调和色彩搭配，突出其他颜色。中性色搭配融合了众多色彩，从乳白色和白色这种浅色中性色，到巧克力色和炭色等深色色调。其中黑白灰是常用到的三大中性色，能与任何色彩起谐和、缓解作用。

中性色搭配是应用非常广泛的一种软装设计配色方案，但是使用不当也会带来让人觉得乏味的负向作用，如果想要中性色搭配体现出趣味性，需要做到以下几点：首先明确中性色是多种色彩的组合而非使用一种中性色，并且需要通过深浅色的对比营造出空间的层次感；其次在中性色空间的软装搭配中，应巧妙利用布艺织物的纹理与图案创造出设计的丰富性；最后是把握好色彩的比例，使用过多的黑白色容易使空间显得压抑，在用中性色为主色的基础上，增添一些带彩色的中性色可以让整个配色方案更显出彩。

黑白灰是最为常见的中性色

3.2 色彩重量感

色彩的重量感是由于不同的色彩刺激，而使人感觉事物或轻或重的一种心理感受。决定重量感的首要因素是明度，明度越低越显重，明度越高越显轻。明亮的色彩如黄色、淡蓝色等给人以轻快的感觉，而黑色、深蓝色等明度低的色彩使人感到沉重。其次是纯度，在同明度、同色相条件下，纯度高的感觉轻，纯度低的感觉重。

所有色彩中，白色给人的感觉最轻，黑色给人的感觉最重。从色相方面来说，轻重次序排列为白、黄、橙、红、中灰、绿、蓝、紫、黑。

在室内装饰中，空间过高时，可用较墙面浓重的色彩来装饰顶面。但必须注意色彩不要太暗，以免使顶面与墙面形成太强烈的对比；空间较低时，顶面最好采用白色，或比墙面淡的色彩，地面采用重色。

🔲 层高过高的空间顶面可采用较墙面更浓重的颜色，降低视觉重心

🔲 白色感觉最轻，黑色感觉最重，也就是说明度越高，色彩感觉越轻

🔲 在同等明度的情况下，暖色系的黄色比冷色系的绿色感觉要轻

🔲 层高较低的空间顶面可采用白色，让视觉感更加开阔

色彩软硬感

色彩的软硬感主要与明度有关系，明度高的色彩给人以柔软、亲切的感觉。明度低的色彩则给人坚硬、冷漠的感觉。此外，色彩的软硬感还与纯度有关，高纯度和低明度的色彩都呈坚硬感，低纯度和高明度的色彩有柔软感，中纯度的色彩也呈柔软感，因为它们易使人联想到动物的皮毛和毛绒织物。

暖色系较软，冷色系较硬。在无彩色中，黑色与白色给人以较硬的感觉，而灰色则较柔软。进行软装设计时，可利用色彩的软硬感来创造舒适宜人的色调。

柔软

坚硬

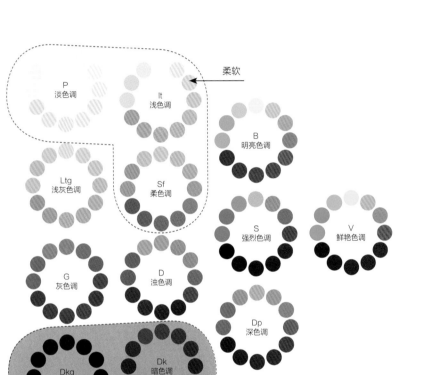

即使是纯度很高的橙色，在降低了明度以后，也会给人一种坚硬感

纯度低明度高的粉色系沙发，给人一种轻柔舒适感

同样都是黄色，明度高的显得柔软，明度低的显得坚硬

3.4 色彩距离感

同一背景、面积相同的物体，由于其色彩的不同，有的给人以突出向前的感觉，有的则给人后退深远的感觉。

色彩的进退感多是由色相和明度决定的，活跃的色彩有前进感，如暖色系色彩和高明度色彩就比冷色系和低明度色彩活跃。冷色、低明度色彩有后退感。色彩的前进与后退还与背景密切相关，面积对比也很重要。

在室内装饰中，利用色彩的进退感可以从视觉上改善房间户型缺陷。如果空间空旷，可采用前进色处理墙面；如果空间狭窄，可采用后退色处理墙面。例如把过道尽头的墙面刷成红色或黄色，墙面就会有前进的效果，令过道看起来没有那么狭长。

🔲 狭窄的过道墙面运用冷色会显得更加开阔

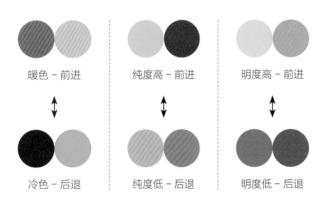

暖色 – 前进　　纯度高 – 前进　　明度高 – 前进

↕　　　　↕　　　　↕

冷色 – 后退　　纯度低 – 后退　　明度低 – 后退

🔲 过道端景墙刷成黄色，在视觉上会有前进的效果

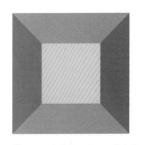

🔲 同样大小的正方形，黄色的正方形给人一种向前突出的感觉，蓝色的正方形看起来是向后退

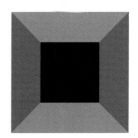

🔲 前进或后退尤其和亮度有关，可以看出相同的色相，亮度越高越具有前进感

3.5 色彩尺度感

不同色彩产生不同的尺度感，如黄色感觉大一些，有膨胀性，称为膨胀色；而蓝色、绿色感觉小一些，有收缩性，称为收缩色。像藏青色这种明度低的颜色就是收缩色，因而藏青色的物体看起来就比实际小一些。明度为零的黑色更是收缩色的代表。一般来说，暖色比冷色显得大，明亮的颜色比深暗色显得大，周围明亮时，中间的颜色就显得小。

物体看上去的尺度不仅与其颜色的色相有关，明度也是一个重要因素。暖色系中明度较高的颜色可以使物体看起来比实际大，而冷色系中明度较低的颜色可以使物体看起来比实际小。比如，粉红色等暖色的沙发看起来很占空间，使房间显得狭窄、有压迫感。而黑色的沙发看上去要小一些，让人感觉剩余的空间较大。

🔲 冷色系中明度较低的宝蓝色沙发在视觉上具有一定的收缩感

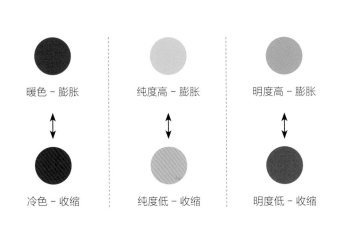

暖色 – 膨胀　　　纯度高 – 膨胀　　　明度高 – 膨胀

↕　　　　　　↕　　　　　　↕

冷色 – 收缩　　　纯度低 – 收缩　　　明度低 – 收缩

🔲 橙色餐椅在视觉上具有膨胀感

🔲 相同形状和大小的图形，最左边的蓝色要比中间的黄色看起来小，最右边的黄色虽然和中间的同样是黄色，但是由于背景色明度高所以看起来小

利用色彩来放大空间的尺度感，是许多设计师很常用的手法，小空间可以选择使用白色、浅蓝色、浅灰色等具有后退和收缩属性的冷色系搭配，这些色彩可以使小户型的空间显得更加宽敞明亮，而且运用浅色系色彩有助于改善室内光线。

另外，运用明度较高的冷色系色彩作为小空间墙面的主色，可以扩充空间水平方向的视觉延伸，为小空间环境营造出宽敞大气的居家氛围。这些色彩具有扩散性和后退性，能让小家呈现出一种清新、明亮的感觉。

🔳 以灰色为背景的空间中加入冷色系家具，无形中放大视觉空间

🔳 浅灰色虽然属于无彩色，但同样可以让小房间显得更加宽敞明亮

🔳 大面积白色让小空间显得更加宽敞明亮

🔳 明度较高的冷色系具有扩散性和后退性，并且带来一种清新明亮的感觉

3.6 色彩动静感

色彩中会有给人动静这种心理效果的颜色，这种颜色被称为动感色和沉静色。动感色是指暖色系色相的纯度高的颜色。虽然不同的人会略有差别，但是一般会使交感神经和副交感神经产生作用，导致血压上下浮动的效果。有在涂满了鲜红色的房间内待一段时间后，就会变得焦虑不安想要出去的例子。

与此相反的，沉静色是冷色系色相的纯度低的颜色。纯度高在给人冷静的感觉之前更会让人觉得冷淡。明度过低就会失去颜色接近无彩色，所以明度特别低的情况下沉静作用会减弱。

动感色搭配方案

动感色

非动感色

动感色是指暖色系色相的纯度高的颜色

非沉静色

沉静色

沉静色是冷色系色相的纯度低的颜色

沉静色搭配方案

第四节
学习软装色彩的前期工作

4.1 色彩的灵感来源

1. 从传统文化中汲取精华

中国传统文化艺术有着五千年的积淀，博大精深。如果软装色彩需要体现古典的民族的特色与精神，可以从伟大的传统文化中去感悟和汲取。

全球文化的融合，使传统色彩变得日趋模糊，但仍然能从生活中发现流传已久的传统气息。存在于民族传统文化中的色彩，大都具有夸张、鲜艳、明快、简洁的特点，且对比强烈，又和谐统一。例如原始的彩陶、汉代的漆器、丝绸、唐三彩、苏杭蜀的织绣、明清的雕梁画栋等，以及民间的物质的与非物质的文化遗产：面人、泥人、年画、蜡染、扎染、民族服饰等，充满鲜艳浓烈的生活热情，具有浓郁的乡土气息和地域情韵。

新中式卧室中的色彩灵感来源于原始的彩陶，表现出一种淡雅清静的传统之美

[徽派马头墙]

[歇山顶]

[紫砂壶]

[织绣]

[雕梁画栋]

[青花瓷]

2. 从大自然中寻找色彩感觉

大自然是最伟大的设计师，从自然景观中提炼出来的配色体系，美丽、自然而优雅。这些色彩的完美组合，也能激发无穷的装饰创意及灵感。以自然为题材设计出的色彩组合带有浓厚的自然味，比如以风景命名的色彩有热带丛林色、沙漠色、草原色、海洋湖泊色等。如果在软装设计中，采用的是自然中的配色方案，会让整个作品的色彩和谐而富有亲切感。

❖ 从自然界中寻找色彩灵感

向自然借鉴色彩的方法有很多，其中有效的方法是选择一些风景、动植物等的彩色图片，对其色彩的组成加以分析，对色彩的面积与比例关系进行计算、提炼、概括，然后形成若干个不同色谱，就可以把它们作为资料运用到色彩设计中了。

❖ 把海面风景的色彩应用于客厅墙面，给空间带来如沐海风般的清新氛围

3. 从绘画作品中借鉴配色灵感

绘画中的色彩具有充分的表现力和相对的独立性，表现方法丰富多彩，优秀的绘画作品中的色彩更是倾注了艺术家们丰富的情感，画面中有秩序的色彩刺激着观者的心理和感情，例如蒙德里安的色块分割手法。从优秀的绘画作品中去采集色彩，是一条更直接、更有效的途径。尤其是一些极具现代感和现代精神的作品，诸如塞尚、梵高、马蒂斯、毕加索等大师们的作品，具有现代审美理念，而且极富于个性。根据从这些绘画作品获得的色彩灵感所进行的设计，从具有不同变化的新鲜的配色效果，特别有利于摆脱自己固有的用色习惯，突破自己用色的局限性，从而涉足更广阔的色彩世界，体验更多的色彩情韵。

 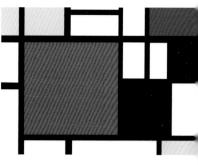

荷兰画家文森特·威廉·梵高所绘制的作品《花瓶里的三朵向日葵》

蒙德里安的抽象画《红黄蓝的构图》

蒙德里安的色块分割手法在空间中的应用

4. 从时装中捕捉流行色彩

在各个时期都有几种流行色彩来体现出时代气息，必须充分注意到这一点才能设计出具有时代感和富有创意的服装。所以到了每一季的时装发布会，都能带来新的色彩风潮，而流行色几乎总是从时装开始。敏锐的软装设计师能从潮流中捕捉到最新的色彩信息，并将它们运用到居室空间中去，不断为生活注入新的活力。

金色与蓝色的搭配让空间不仅有古典的柔美，还有贵族的醒目

客户色彩喜好分析

可能有些客户喜欢北欧风格，有些喜欢新中式风格等，设计时需要根据不同的风格特点选择配色方案。比如北欧风格可以使用白色和原木色来营造相应的氛围；新中式风格中则常用浓艳的红色、绿色，还有水墨画般的淡色，甚至还可以搭配浓淡相间的中性色。

通常当提问一个人最喜欢什么颜色的时候，大多数人都能回答出来。虽然这并不意味着一定要将这种颜色大面积地运用到家居空间中，但当了解了客户的喜爱或避讳时，就更能选择出符合客户需求的配色方案。

◼ 北欧风格配色方案

◼ 新中式风格配色方案

如果接到一个项目时发现里面可能已经有了很多色彩，而且这些色彩是客户喜欢并且不能改变的，比如已铺好的地板、瓷砖或者一些家具等，在选择配色方案的时候就要将这些已有的色彩考虑到其中。大部分客户都有自己喜爱的艺术品或软装饰品，需要考虑这些物件的摆放位置及选择哪些颜色才能充分将它们突显出来。

不同年龄人群的色彩喜好

此外，每个人对色彩的喜好，根据年龄和性别、地域和文化的不同，会有不同的倾向。在色彩设计上，根据目标客户群，把握各年龄段人群的喜好色是非常重要的。

年龄段	颜色	描述
幼年	●●	喜欢明亮的、鲜艳的颜色，喜欢红色和橙色等暖色
儿童	●●○	包括幼年的喜好在内还加入了黄色，喜欢明亮的颜色以及活泼色调、亮色调
青年	●●●●	暖色和冷色系的偏好有所增加，抑制纯度的淡色系和低亮度的深色系等嗜好也有所增加，包括白色和黑色
壮年	●●●●●	冷色系和中性色的偏好有所增加，喜欢的颜色变得多样化。如深色调和浊色调等暗色，灰暗色调这样的颜色也被喜欢
中老年	●●●●●	以喜欢低亮度和低纯度为中心，还喜欢中纯度的浊色调和灰色调这种古朴的颜色

4.3 居住人群色彩分析

1. 孩子房配色

　　婴儿时期的孩子房以粉色系为主，但纯度太高的色彩会吓到这个年龄段的孩子，例如纯红、纯黄和纯橙色会令婴儿哭闹不停。传统的概念是男婴房用浅蓝色，女婴房用粉红色。苹果绿、稻草黄、海洋蓝等色彩散发着温暖与宁静，对男女婴儿都适用。

🧊 婴儿时期的孩子房以粉色系为主，让婴儿得到情感上的舒适感和安全感

　　幼儿时期的孩子房适合选择柔和的中明度色彩，能让孩子感受到爱，获得安全感。如果选择绿色作为房间的主色，黄绿色和蓝绿色要比纯绿色效果好很多，特别是新鲜的黄绿色可以通过跟浅橙色或粉红色搭配，实现刺激视觉活力的效果。如果选择蓝色作主色，可选择暖色窗帘、地毯或床上用品来搭配，视线色彩冷暖平衡。通常清澈的天蓝色至中度灰的蓝色都不会让人觉得太冷，但深蓝色就不建议用在幼儿时期的孩子房间。

🧊 幼儿时期的孩子房适合选择柔和的中明度色彩，能让孩子感受到爱与安全感

少年阶段的孩子喜欢那些让他们感觉精神振奋的颜色，开始注重个性化表现，通过他们喜欢的色彩甚至能解读他们的性格特征。卧室作为休息空间，一些高纯度的色彩通常不用作主色，可以用于一面床头背景墙或家具、布艺，主色则以中性色为主，如果功能偏重于学习，各种中明度的蓝绿色是理想选择，辅助搭配一些奶黄色、橙黄色以活跃空间的氛围。避免使用大面积的黄色和造型夸张、图案复杂的装饰品，因为容易让孩子分心。

少年阶段的孩子房适合选择亮丽活泼的色彩，有助于激发孩子的热情和想象力

青少年阶段的孩子房适合强调个性表现，是有助于孩子身心快速成长的色彩

在这个注重个性化培养的阶段，可以根据孩子的不同个性，选择能吸引他们内心发展的色彩。有些孩子精力旺盛，性格外向，在他们的学习环境中可以运用较柔和的色彩，便于让他们安静下来；对于一些精力不是很充沛或性情比较敏感的孩子，通常他们会本能地偏向柔和的色彩，为了激发他们的活力，在他们学习的环境中要运用一些清晰度高的明亮色彩。

青少年阶段的孩子主要特征是身心成长迅速，强调个性表现。他们会认为黑色很酷，黑色可以自我掩饰。但黑色需要与别的色彩进行合理搭配，比如适当使用荧光色能提亮心情。红色的热情能量是这个年龄段的人所喜爱的，紫色的高贵和神秘也是他们想表现的，而大胆的蓝色和柑橘绿能更好地帮助他们稳定心态。

2. 男性空间配色

男性空间的配色应表现出阳刚、有力量的印象。具有冷峻感和力量感的色彩最为合适。例如蓝色、灰色、黑色或者暗色调以及浊色调的暖色系，明度、纯度较低。若觉得暗沉色调显得沉闷，可以用纯色或者高明度的黄色、橙色、绿色等作为点缀色。

深暗色调的暖色，例如深茶色与深咖色可展现出厚重、坚实的男性气质。蓝色加灰色组合，能够展现出雅俊的男性气质。其中，加入白色可以显得更加干练和充满力度，而暗浊的蓝色搭配深灰，则能体现高级感和稳重感。深暗的深色和中性色能传达出厚重、坚实的印象，比如深茶和深绿色等。而在蓝、灰组合中，加入深暗的暖色，会传达出传统而考究的绅士派头。此外，通过冷暖色强烈的对比来表现富有力度的阳刚之气，是表现男性印象的要点之一。

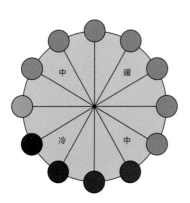

⬤ 小学男性

以足球、滑板等能联想到的运动的配色，来表示小学男生活泼好动的形象。用冷色系当基础色调，加入白色，提高对比度，给人带来爽朗的印象。

⬤ 年轻男性

虽然使用朝气蓬勃的配色，但同时要着重使用黑色和纯度高的颜色进行配色，展示现代精力充沛的年轻男性的风采。

⬤ 成熟男性

成熟男性空间可以冷色系深沉的颜色为基础色调。职场白领的西装颜色，可以说是充满男人味的最简单的配色。

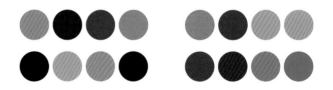

⬤ 沉稳男性

以蓝色系颜色为中心，扩大纯度和亮度的对比度，就能够强调沉稳敏锐的男性形象。

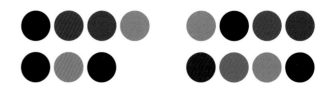

冷色系的理性与沉着，加上强烈的明暗对比，独具男性魅力

蓝色和黑灰等无彩色具有典型的男性气质

深暗强力的色调，能传达出男性的力量感

通过浊色调的色相对比，可创造出男性的力量感和厚重的氛围

3. 女性空间配色

女性空间的配色不同于男性空间，在使用色相方面基本没有限制，即使是黑色、蓝色、灰色也可以应用，但需要注意色调的选择，避免过于深暗的色调及强对比。

女性居住的空间应展现出女性特有的温柔美丽和优雅气质，配色上常以温柔的红色、粉色等暖色系为主，色调反差小，过渡平稳。也可使用糖果色进行配色，如粉蓝色、粉绿色、粉黄色、柠檬黄、宝石蓝和芥末绿等甜蜜的女性色彩为主色调，这类色彩以其香甜的基调带给人清新的感受。比高明度的单色稍暗且略带混浊感的暖色，能体现出成年女性的优雅、高贵的气质。色彩搭配时要注意避免过强的色彩反差，保持过渡平稳。

此外，紫色具有特别的效果，即使是纯度不同的紫色，也能创造出具有女性特点的氛围。

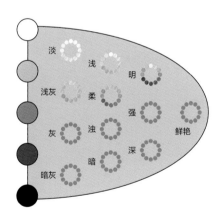

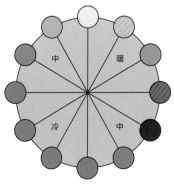

● 可爱女孩

以粉色基调的暖色系颜色为中心，提高亮度和纯度就能展现出可爱的特征。用可以给人甜蜜点心感觉的梦幻的配色，目标人群的年龄范围是很广泛的。

● 年轻女性

使用橘色系的颜色或者以原色为基础色调的颜色进行配色，塑造出喜欢热闹、洒脱的年轻女性的形象。

● 成熟女性

一般以成熟女性为目标的配色，会以红色和粉色等暖色系颜色为基础色调，抑制颜色纯度会提高稳重的形象。

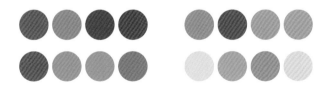

● 优雅女性

虽然以粉色和紫色系颜色为基础色调，但抑制对比度，使颜色没有太多的变化，从而塑造优雅的女性形象。

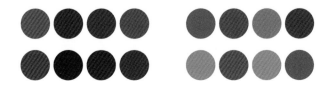

🔖 紫色是具有浪漫特征的颜色，最适合创造出女性氛围

🔖 以玫红色为主体的空间配色，十分有效地传达出女性气质

🔖 近似于单色配色的暖色组合，体现出成熟女性的优雅感

@ LSD 设计

🔖 以粉色为主的高明度配色能展现出女性追求的甜美感

4. 老人房配色

老年人一般都喜欢相对安静的环境，在装饰老人房时需要考虑这一点，使用一些舒适、安逸的配色。例如，使用色调不太暗沉的中性色，表现出亲近、祥和的感觉。红、橙等高纯度且易使人兴奋的色彩应避免使用。在柔和的前提下，也可使用一些对比色来增添层次感和活跃度。

人随着年龄增长会日渐产生孤独感甚至恐惧感，从这个角度看，不宜为老人选择太过灰暗的颜色，适当增添色彩可以让老人感知世界的丰富性和生活的乐趣，同时保持积极的认识功能。配色上，除了纯色调和明色调之外，所有的暖色都可以用来装饰老人房。暖色系使人感到安全、温暖，能够给老人带来心灵上的抚慰，使之感到轻松、舒适。如中灰度的红色和橙色喜悦柔和，桃色、杏色、暖棕褐色、陶土色等有助于促进老年人血液循环；中灰度的蓝色、丁香色、薰衣草色有助于舒展精神，让人在静思冥想中获得身心的安宁。

幼儿阶段喜爱的低纯度浅粉色对于老年人的视力而言，容易觉得刺眼或者无色彩感，而相对饱和的中灰色粉色系更能维持老年人的视觉活力。此外，在尊重老人喜爱的色彩时也尽可能使用自然的装饰材料，如木质、石材以及天然植物花卉等要比金属、玻璃等更有助于老年人保持美好的记忆情怀。

老年人喜爱的亮丽活泼色彩

老年人喜爱的中度灰艳丽色彩

@ 御融设计

◼ 中性色的配色方案可给老人房带来一种放松感

大红、橘色、紫色等热烈活跃的色彩有可能引起老人心率加速、血压升高，不利于老年人的健康，所以老人房不宜大面积使用过于鲜艳、刺激的颜色。为了避免单调，在老人房中多使用几种色彩进行搭配是可以的。但在选择颜色时，尽量不要选择对比效果过于强烈的颜色，如红绿对比、紫橙对比等，上述对比过于强烈的颜色不仅会让老人产生晕眩感，还会加速老人视力的退化。

🔷 降低纯度和明度的暖色系给老人以温暖感和安全感

🔷 在老人房中形成一组冷暖色的弱对比，增添层次感和活跃度

🔷 木质、石材等自然材质的色彩有助于老年人保持美好的记忆情怀

(4.4) 光与色彩的关系

相同的色调在不同光线下会显得不同，因此必须要考虑光线的作用。一般来讲，明亮、自然的日光下，呈现的色彩最真实。在做配色方案前首先要观察房间里有几扇窗，采光的质量和数量如何。

其次，不同朝向的房间，会有不同的自然光照情况，可利用色彩的反射率使光照情况得到适当的改善。朝东房间，上下午光线变化大，与光照相对的墙面宜采用吸光率高的色彩，而背光墙则采用反射率高的色彩。朝西房间光照变化更强，其色彩策略与东面房间相同，另外可采用冷色配色来应对下午过强的日照。北面房间常显得阴暗，可采用明度较高的暖色。南面房间曝光较为明亮，采用中性色或冷色为宜。

🔹 自然光下呈现的色彩最为真实，这是设计配色方案前必须考虑的重点

🔹 朝南的房间可采用中性色或冷色的墙面，减少燥热感

🔹 朝北的房间可采用明度较高的暖色墙面，使房间光线趋于明快

44

白炽灯光投射在物体上会使物体看上去偏黄，可以增强暖色的效果，但蓝色会显得发灰；普通荧光灯放射的蓝光会增强冷色的效果；接近自然光的全光谱荧光灯可以更好地保留色彩的真实度。可以把要选的颜色放到暖色的白炽灯下，或冷色的荧光灯下，看哪种呈现出来的效果是最想要的。

在做出配色方案决定前，将所挑选的颜色样板拿到项目施工现场，于早、中、晚不同时段放置在自然光和人造光下细细察看，特别关注色彩在空间的主要使用时段的效果。

🔲 白炽灯会使色彩显得更暖更黄，具有稳重温暖的感觉

🔲 荧光灯会使色彩显得更冷，具有清新爽快的感觉

🔲 色彩在不同灯光下所呈现的颜色各不相同，选择时应注重色彩在空间的主要使用时段的效果

🔲 对于灯光而言，如果照射的墙面是明度中等的颜色，那么反射的光线比照射在高明度的白墙上要柔和得多

色温是指光波在不同能量下，人眼所能感受的颜色变化，用来表示光源光色的尺寸，单位是 K。要表达从早到晚的具体时间段的颜色，最简单的基准就是太阳光的颜色。泛红的朝阳和夕阳色温较低，中午偏黄的白色太阳光色温较高。

一般色温低的话，会带点橘色，给人以温暖的感觉；色温高的光线带点白色或蓝色，给人以清爽、明亮的感觉。

单位：K

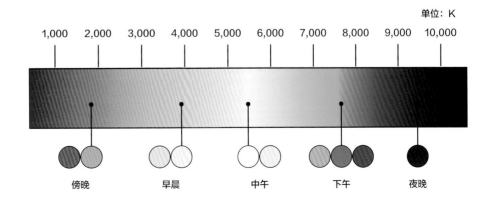

1,000　2,000　3,000　4,000　5,000　6,000　7,000　8,000　9,000　10,000

傍晚　　早晨　　中午　　下午　　夜晚

4.5 色彩与材质的关系

常用的室内装饰材质一般分为自然材质和人工材质。自然材质的色彩细致、丰富，多数具有朴素淡雅的格调，但缺乏艳丽的色彩，通常适用于清新风格、乡村风格等，能给空间带来质朴自然的氛围。人工材质的色彩虽然较单薄，但可选色彩范围较广，无论素雅或鲜艳，均可得到满足，适用于大多数软装风格。

🔲 冷质材料

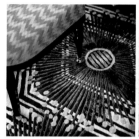

🔲 暖质材料

🔲 人工材质的色彩可选余地大，适合更多的软装风格

🔲 自然材质的色彩朴素淡雅，适合乡村风格的装饰

🔲 当冷色附着在暖质材料上时，冷色的感觉会减弱

玻璃、金属等给人冰冷的感觉，被称为冷质材料；而织物、皮草等因其保温的效果，被认为是暖质材料；木材、藤材的感觉较中性，介于冷暖之间。当暖色附着在冷质材料上时，暖色的感觉减弱；反之，冷色附着在暖质材料上时，冷色的感觉也会减弱。因此同是红色，玻璃杯比陶罐要显得冷；同是蓝色，布料比塑料要显得温暖。

🔲 当暖色附着在冷质材料上时，暖色的感觉会减弱

材质的表面有很多种处理方式，即使是同一种材料，以石材为例，抛光花岗岩表面光滑，色彩纹理表现清晰，而烧毛的花岗岩表面混沌不清，色彩的明度变化，纯度降低。物体表面的光滑度或粗糙度可以有许多不同级别，一般来说，变化越大，对色彩的改变也越大。材质表面的质感粗糙或光滑可以明显地影响色彩感受。这种现象被叫作视触觉。

材质本身的花纹、色彩及触觉形象称为肌理。肌理紧密、细腻的效果会使色彩较为鲜明；反之，肌理粗犷、疏松会使色彩黯淡。有时对肌理的不同处理也会影响色彩的表达。同样是木质家具上的清漆工艺，色彩一样，亮光漆的色彩就要比亚光漆来得鲜艳、清晰。

当多种同色的材质并置在一起时，也会从视觉上让人感觉到色彩似乎存在着细微的差异。材质与色彩的这种互相影响力，常被设计师加以巧妙利用。

同样白色材质的有墙漆、陶瓷、木质以及织物等，这些材质有着不同的光滑和粗糙度，这种差异使得白色产生了微妙的色彩变化

同样的橙色，光滑的材质表面会让色彩表现得十分清晰，粗糙的材质表面会降低色彩的纯度

同色的装饰画与单椅因材质的区别，所以在视觉上呈现出细微的差异感，从而增添空间的层次感

Color
Furnishing Design

—软装配色教程—

从入门到精通

COLOR

FURNISHING DESIGN

— 第二章 —

常用色彩特征与搭配解析

红色搭配应用

1.1 色相类型

　　红色是可见光谱中低频末端的颜色，是三原色之一。不同色相、明度、纯度的红色，运用在室内软装搭配上，会产生不同的心理效应，如大红的热情向上，深红的质朴、稳重，紫红的温雅、柔和，桃红的艳丽、明亮，玫瑰红的鲜艳、华丽，葡萄酒红的深沉、幽雅，尤其是粉洋红给人以健康、梦幻、幸福、羞涩的感觉，富有浪漫情调。

　　常见的红色有大红、中国红、朱红、嫣红、深红、水红、橘红、杏红、粉红、桃红、玫瑰红、珊瑚红等。

大红
C 0 M 100 Y 100 K 0

中国红
C 0 M 100 Y 100 K 10

珊瑚红
C 0 M 80 Y 70 K 0

朱砂红
C 20 M 100 Y 100 K 5

酒红
C 0 M 90 Y 60 K 0

玫瑰红
C 0 M 95 Y 35 K 0

1.2 色彩特征

红色的视觉效果极为强烈，因此许多警告、警示的文字或图案都用红色来表示。此外，红色在不同国家，其代表的含义也有所差异。例如在中国，红色象征着繁荣、昌盛、幸福和喜庆，在婚礼上和春节中都喜欢用红色来装饰。红色还代表了爱情和激情，例如情人节的礼物通常都是包装成红色的盒子，或者是粉红色的。此外，红色也表示危险、愤怒、血液，常让人联想到火焰、战争。

红色是所有色彩中对视觉冲击最为强烈的色彩之一，并且似乎有着凌驾于一切色彩之上的力量。同时，红色能在视觉上制造出一种迫近感和扩张感，容易引发兴奋、激动、紧张的情绪。红色的性格强烈、外露，饱含着力量和冲动，其色彩内涵是积极的、向上的。不过红色的这些特点主要表现在高纯度时的效果，当其明度增大并转为粉红色时，往往就会给人带来温柔、顺从的视觉感受。

● 红色的灵感图

● 活力充沛的意象

C 10 M 100 Y 90 K 0

C 0 M 0 Y 0 K 0

C 100 M 70 Y 0 K 0

● 性感的意象

C 15 M 100 Y 55 K 0

C 0 M 40 Y 20 K 0

C 75 M 90 Y 40 K 0

● 动感的意象

C 10 M 100 Y 90 K 0

C 30 M 30 Y 30 K 100

C 0 M 10 Y 100 K 0

● 美味的意象

C 20 M 90 Y 70 K 0

C 0 M 50 Y 100 K 0

C 40 M 70 Y 65 K 15

1.3 实战应用

运用在室内设计中的红色类型十分丰富，可根据装饰风格以及居住者的喜好进行选择。大红色艳丽明媚，容易营造喜庆祥和的氛围，在中式风格中经常被采用；酒红色就是葡萄酒的颜色，那种醇厚与尊贵会给人一种雍容的气度与豪华的感觉，所以为一些追求华贵的居住者所偏爱；玫瑰红格调高雅，传达的是一种浪漫情怀，这种色彩为大多数女性所喜爱，一般家庭可在软装上稍加运用，例如选择带有玫瑰图案的窗帘。

红色在中式传统文化中有着极其丰富的象征意义，因此，在中式风格的室内设计中，很多人会选择红色进行装饰。但是大面积地使用红色，容易让空间显得过于严肃及压抑，尤其是纯度和明度很高的红色。因此，可以在垭口、门框、踢脚线等区域使用中性色进行搭配，以缓解红色的视觉冲击，而且还能丰富空间的层次。此外，也可以在家具、灯饰、窗帘、床品等软装配饰上，搭配一些其他辅助色彩与红色相互衬托。比如红色与白色是非常合适的搭配组合。白色的扩充效果在视觉上增大了空间面积，而沉稳的红色则可以稳住整个空间的气场。

红色既可作为主色调装扮空间，也可以作为空间装饰的点缀色，串联整个空间。比如将红色运用在布艺、家具、灯具以及软装饰品等元素上，并使用淡淡的米色或清新的白色为背景。

🔷 红色也可作为装饰的点缀色，串联整个空间

🔷 红色与白色的搭配结合，给人清纯感觉的同时可以使红色显得更加跳跃

🔷 红色在传统文化中寓意富贵与吉祥，在中式风格空间中应用较多

将红色与金色搭配运用，不仅可以提升空间的品质感，而且还能为居住环境营造奢华典雅的贵族风情。但要注意的是，红色与金色在视觉上都十分跳跃，因此在设计时要控制好使用面积以及搭配比例，以免形成艳俗或者华而不实的感觉。

红色搭配黑色也是极为经典的设计手法。两者在空间里的交互，如同感性与理性、热情与冷静的完美融合，而且还可以给空间环境制造出高贵大气的视觉感受。此外，由于红色具有刺激食欲的作用，因此，十分适宜运用在餐厅空间的色彩搭配上，这也是很多餐厅选用红色作为背景色的原因。在软装设计中，可以在厨房中使用米白色的墙面搭配红色百叶窗或红色橱柜。

❦ 红色墙面与金色软装元素的组合传达出低调奢华的气息

❦ 餐厨空间中运用红色可刺激人的食欲

❦ 红色搭配黑色是感性与理性的完美融合

一 第二节

粉色搭配应用

2.1 色相类型

粉色由红色和白色混合而成,非白非红,也有人称作粉红色。由于粉色是偏女性化的颜色,因此多用于女性专属的室内空间,以及女孩儿童房的设计,以增添其甜美柔和的氛围。

常见的粉色有浅粉色、桃粉色、亮粉色、荧光粉、桃红色、柔粉色、嫩粉色、蔷薇色、西瓜粉、胭脂粉、肉色、玫瑰粉等。

 珊瑚粉
C 10 M 36 Y 15 K 0

 胭脂粉
C 10 M 77 Y 18 K 0

 玫瑰粉
C 0 M 60 Y 20 K 0

 桃粉
C 0 M 50 Y 25 K 0

 山茶粉
C 0 M 75 Y 30 K 0

 红梅粉
C 0 M 30 Y 14 K 0

2.2 色彩特征

粉色属于淡红色,更准确地说属于不饱和的亮红色。这种色彩多用在女性的身上,代表女性的美丽与温柔。每一位女性都渴望拥有一间充分体现自我个性的卧室,而粉色是装扮女性卧室空间的最佳色彩。此外,粉色还常给人以可爱、浪漫、温馨、娇嫩、青春、明快、美好的印象,因此非常适合运用在家居空间的设计中。比如为室内搭配粉色系的花卉,就能为居住空间营造温柔、甜美的氛围。

● **粉色的灵感**

● **童话的意象**

C 0 M 35 Y 15 K 0　　　C 0 M 0 Y 25 K 0　　　C 15 M 0 Y 0 K 0

● **女性的意象**

C 0 M 35 Y 15 K 0　　　C 20 M 0 Y 10 K 0　　　C 45 M 50 Y 10 K 0

● **可爱的意象**

C 0 M 60 Y 20 K 0　　　C 0 M 0 Y 25 K 0　　　C 60 M 30 Y 0 K 0

● **愉快的意象**

C 0 M 60 Y 20 K 0　　　C 0 M 40 Y 75 K 0　　　C 45 M 0 Y 100 K 0

2.3 实战应用

合理适度地在家居空间搭配粉色，能让居住环境显得更加温馨甜美。比如可以在室内搭配几盏粉色的灯饰、一把粉色的椅子或一幅粉色的装饰画，就能轻而易举地提升室内空间的柔美感与时尚感。此外，还可以在沙发上或床上增加一两个粉色的抱枕，或是在茶几或餐桌上摆放一盆粉色的鲜花，立马就能让空间变得鲜活起来。

如果想要在室内运用呈现高级感的粉色，则应把控好色调和材质的搭配比例。例如透明的粉色材质可以在视觉上达到一种戏剧性，为硬朗的室内增加轻柔气质。

粉色不仅是代表浪漫与柔美的色彩，而且还能营造梦幻童真的气氛。因此，在女孩房中经常可以看见粉色的搭配运用。例如在软装布置时，把卧室的床单换成柔和的粉色，然后再选用同色的布艺枕头以及有粉色印花的窗帘，在白色墙面的衬托下，显得十分清新活泼。

呈现高级感的粉色可给房间增加轻柔的气质

粉色除了营造梦幻气氛之外，最适合表现出女性的柔美和浪漫

在软装细节中局部使用粉色，可凸显居室的时尚感

粉色在法式风格中的运用极为常见，在硬装、布艺、家具以及装饰品元素中，都可见粉色的搭配运用。其中粉色的背景墙与金色的浅浮雕对比，一直被广泛应用于法式洛可可风格的墙面和顶面。柔和的色调，搭配活泼的曲线，有助于增添空间的亲近感，营造温馨甜美的氛围。法式风格中所运用的粉色包括粉红、蓬巴杜玫瑰红、藕粉色以及深粉色等。

棕色搭配应用 ─

3.1 色相类型

　　棕色是指在红色和黄色之间的任何一种颜色，属于适中的暗淡和适度的浅红，通常是由橙色和黑色混合而成。棕色是大地的颜色，体现着广泛存在于自然界的真实与和谐，就寓意来说，在某些方面棕色差不多是与紫色相反的色彩。

　　常见的棕色有琥珀色、沙色、乳酪色、可可色、灰褐色、红褐色、赭石色、浅棕色、咖啡色、硬陶土色、巧克力色、栗子色、胡桃木色等。

栗子色
C 60 M 70 Y 70 K 30

巧克力色
C 70 M 80 Y 80 K 50

灰褐色
C 60 M 66 Y 60 K 11

椰棕色
C 40 M 70 Y 100 K 33

咖啡色
C 45 M 75 Y 100 K 40

红茶色
C 20 M 69 Y 88 K 33

棕色有很多种渐变和色调，浅棕色包括沙色、乳酪色，中棕色包括巧克力色、可可色，深棕色包括咖啡色和红褐色。棕色是一种永远都不会过时的色彩，它摒弃了黄金色调的俗气以及象牙白的单调和平庸。由于属于中性暖色色调，因此通常不会与其他色发生冲突。

此外，棕色与土地颜色相近，在典雅中蕴含安定、朴实、沉静、平和、亲切等意象，并且给人情绪稳定、容易相处的感觉。棕色还会让人联想到年代久远的照片和装饰材料，因此可以用来创造温暖和怀旧的情愫。

● **棕色的灵感**

● **粗犷的意象**

C 40 M 75 Y 100 K 0　　C 70 M 85 Y 100 K 45　　C 20 M 90 Y 70 K 0

● **古典的意象**

C 40 M 75 Y 100 K 0　　C 70 M 85 Y 100 K 45　　C 50 M 50 Y 100 K 50

● **厚重的意象**

C 50 M 80 Y 100 K 25　　C 0 M 0 Y 0 K 50　　C 100 M 80 Y 60 K 45

● **田园的意象**

C 50 M 80 Y 100 K 25　　C 75 M 55 Y 100 K 0　　C 15 M 45 Y 60 K 0

3.3 实战应用

棕色是最容易搭配的颜色，它可以吸收任何颜色的光线，同时也能为室内空间营造安逸祥和的氛围。将深深浅浅的棕色与其他色彩进行搭配，往往能碰撞出别样的火花，让家居色彩搭配更加丰富。棕色和白色搭配显得优雅高贵，要是再配上其他鲜艳色彩的饰品摆件效果会更好；棕色配绿色系是很高雅的配色，尤其墨绿配咖啡色，具有低调的奢华的气质，一般用在欧式家居中较多，显得繁华大气；棕色与黑色的碰撞显得比较另类独特，一般只有年轻一族才会在家中大胆使用。

美式风格在色彩上追求自然随意、怀旧简洁的感受，因此其空间的色彩搭配一般会比较厚重。饱含自然风情的棕色，是美式风格空间中运用最多的色彩之一。天然的色彩不仅能给人亲切舒适的感觉，而且可以为家居环境制造出平实却又高雅的氛围，在保持美式风格华丽复古的同时，又不失稳重的视觉感受。

棕色在中国传统文化中扮演着很多角色，除了黄花梨、金丝楠木等名贵家具外，还有记录文字的竹简木牍等。在中式风格中，棕色除了可用于家具的色彩搭配外，还能将其运用在背景墙的设计上，打造高端质感。

◗ 大面积的深棕色在沉稳中透露着温润，展现着岁月静好的生活状态

◗ 棕色常常被联想到皮毛的色彩，自然、温暖，更给人带来一种无以言表的可靠以及朴实的感觉

◗ 来自大地和原木的棕色具有厚重感与温暖感，是营造美式乡村风格家具的常用色彩之一

棕色虽然古朴，但在视觉上比较暗沉，因此在使用时，要注意避免产生压抑和老气的感觉。运用大面积的留白跟空间中的棕色形成反差，是非常见效的方法。还可以在空间中搭配和棕色同色系的亮色进行调和，如砖红色、浅咖色、香槟金色、杏色等，让空间显得和谐且有层次感。

橙色搭配应用

4.1 色相类型

　　橙色是介于红色和黄色之间的混合色，又称橘黄或橘色。橙色比原色红要柔和，浅橙色使人愉悦，但亮橙色仍然能给人较为强烈的视觉感受。橙色是一种欢快活泼的光辉色彩，而且也是暖色系中最具温暖感的颜色。在橙色中加入少量的黑色或白色，会融合成一种稳重、含蓄又明快的暖色。但混入较多的黑色后，会变成一种类似烧焦的颜色，加入较多白色则会成为一种甜腻的色彩。

　　常见的橙色有甜橙色、浅橙色、浅赭色、赭黄色、橘黄色、甜瓜橙、橙灰色、朱砂橙等。

橙色
C 0 M 50 Y 100 K 0

浅赭色
C 20 M 30 Y 40 K 0

柿子色
C 0 M 70 Y 75 K 0

橘黄色
C 0 M 70 Y 100 K 0

黄橙色
C 5 M 40 Y 80 K 5

酱橙色
C 0 M 55 Y 100 K 20

色彩特征

橙色是红色与黄色相结合而形成的一种颜色，因此同时具有这两种颜色的象征含义，如明亮、华丽、健康、兴奋、温暖、欢乐、辉煌等。此外，橙色还能使人联想到金色的秋天、丰硕的果实，因此，也是一种代表富足与幸福的色彩。中等色调的橙色是接近于泥土的颜色，常被用来创造自然的氛围。同时，橙色常象征活力，是所有颜色中较为明亮和鲜艳的，给人以年轻活泼和健康的感觉。

橙色明视度高，在工业安全用色中，常被作为警戒色使用，如用在火车头、登山服装、背包以及救生衣上等。橙色还常与一些健康产品相联系，如维生素C、橙子等，让人联想到健康。此外，橙色是代表富贵的颜色，因此在古代的皇宫里，许多装饰元素都会使用橙色进行搭配设计。

● 橙色的灵感图

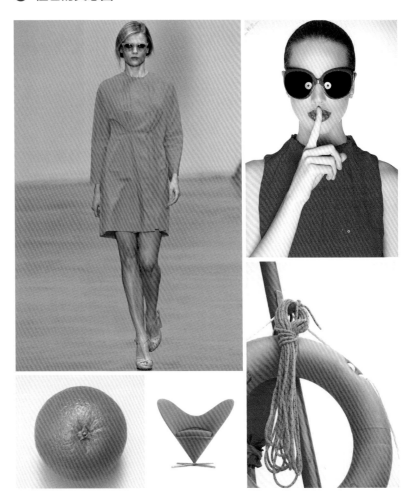

● 热闹的意象

C 0 M 50 Y 100 K 0   C 15 M 100 Y 55 K 0   C 0 M 0 Y 100 K 0

● 活泼的意象

C 0 M 50 Y 100 K 0   C 10 M 100 Y 90 K 0   C 100 M 40 Y 30 K 0

● 鲜艳的意象

C 10 M 70 Y 100 K 0   C 10 M 100 Y 90 K 0   C 70 M 85 Y 0 K 0

● 悠闲的意象

C 10 M 70 Y 100 K 0   C 90 M 20 Y 45 K 0   C 50 M 25 Y 95 K 0

将橙色与其他色彩进行巧妙组合，能为室内空间营造时尚活力的氛围。比如将橙色与浅绿色和浅蓝色搭配，可为空间带来明亮、欢乐的视觉感受；而将橙色与淡黄色搭配，则能为空间内的配色制造舒服的过渡感。需要注意的是，橙色一般不能与紫色或深蓝色搭配，容易给人一种不干净、晦涩的感觉。

在室内设计中运用橙色时，要注意空间的使用功能以及色彩搭配需求。比如在卧室空间中大量运用橙色，容易使人产生兴奋感，不利于营造睡眠环境的氛围，但将橙色用在客厅却能营造欢快的气氛。同时，橙色有诱发食欲的作用，因此也是运用在餐厅空间的理想色彩。需要注意的是，在同一空间运用过多的橙色容易产生视觉疲劳，因此最好只作点缀使用。比如在客厅使用橙色的窗帘，让客厅每天都如同沐浴在阳光之中，并且充满鲜活感；也可在餐厅的餐桌上放置一两件橙色饰物，起到提升食欲的作用。

在黑白灰的空间中加入橙色形成鲜明对比，增加空间的活力感

橙色是众多艳丽色彩中最适合用于餐厅的色彩，它的明亮舒适不但能营造出欢乐的用餐氛围，同时也能带动用餐者的食欲

橙色使用的面积过多容易使人产生视觉疲劳，所以经常作为点缀色使用

橙色具有其他色彩所不具备的温暖与能量，因此，将其运用在室内色彩搭配，能在很大程度上提升空间的活力与温度。但同属橙色系的色彩，实际上给人的印象是完全不同的，有富于年轻感的鲜明的橙色，也有具有复古感的偏褐色的橙色。如果想要强调橙色的积极性的一面，可以在室内搭配泛黄色的橙色或者不太深的褐色，这些颜色比 100% 的橙色更能表现温暖亲切的感觉，同时也能让居住空间更具亲和力。

爱马仕橙没有红色的深沉艳丽，但又比黄色多了一丝明快与厚重，在众多色彩中显得耀眼却不令人反感。爱马仕橙在家居空间中以点缀使用为主，如背景墙装饰、窗帘、椅子、抱枕、

软装饰品等，都可适当运用。此外，由于爱马仕橙属于偏暖的色调，将其运用在室内，不仅能中和空间中的色彩比例，而且能让居住环境更加温馨、时尚。

🔷 橙色和蓝色进行搭配表现出显著的对比效果，在时尚风格家居中应用广泛　　🔷 爱马仕橙是轻奢风格空间中最常见的色彩之一

C 第五节
黄色搭配应用

5.1 色相类型

　　黄色属于三原色之一，是电磁波可见光部分中的中频部分，同时，在色相环上是明度级最高的色彩，因此常给人轻快、充满希望和活力的感觉。黄色在众多的颜色中十分醒目突出，不仅光芒四射、轻盈明快、生机勃勃，而且还具有温暖、愉悦、提神的效果。

　　常见的黄色有柠檬黄、淡黄色、秋色、黄栌、沙黄色、琥珀黄、米黄色、咖喱黄、藤黄、汉莎黄、芥末黄、蜂蜜黄、印度黄等。

柠檬黄
C 6 M 18 Y 90 K 0

黄栌
C 15 M 35 Y 80 K 0

蜂蜜黄
C 30 M 40 Y 88 K 0

金黄色
C 0 M 30 Y 100 K 0

黄土色
C 0 M 40 Y 100 K 20

鲜黄色
C 0 M 5 Y 95 K 0

色彩特征

黄色常给人以轻快、热情以及充满希望和活力的感觉，而且是积极向上、光明辉煌的象征。

人们常常将黄色与金色、太阳、启迪等事物关系在一起。同时，大自然中许多花朵都是黄色的，因此黄色也象征着新生。

黄色系具有优良的反光性质，能使室内空间显得更加清爽明亮，而且黄色能让人产生口渴的感觉，因此，在卖饮料的地方经常可以看到黄色的装饰。由于黄色与金黄同色，常被视为吉利、喜庆、丰收、高贵，因此，在很多艺术家的作品中，黄色都用来表现喜庆的气氛和富饶的景色。同时，黄色可以起到强调突出的作用，这也是使用黄色作为路口指示灯的原因。

● **黄色的灵感图**

● **运动的意象**

C 0 M 50 Y 100 K 0   C 0 M 0 Y 0 K 0   C 0 M 0 Y 100 K 0

● **强烈的意象**

C 0 M 10 Y 100 K 0   C 70 M 85 Y 0 K 0   C 30 M 30 Y 30 K 100

● **可爱的意象**

C 0 M 10 Y 80 K 0   C 0 M 60 Y 20 K 0   C 75 M 5 Y 50 K 0

● **亲和的意象**

C 40 M 0 Y 90 K 0   C 0 M 0 Y 25 K 0   C 0 M 25 Y 40 K 0

实战应用

黄色是最为典型的暖色，在室内装饰中，黄色的墙面不仅显得活泼，而且还可以给空间营造温暖的感觉。餐厅空间的墙面一般宜采用暖色调的颜色，如黄色、橙色、红色等。黄色象征着秋收的五谷，将其运用在餐厅空间，在迎合人的味觉生理特性的同时，还可营造出温馨的用餐氛围。

在设计中，鲜黄色可以增加快乐和愉悦感，淡黄色相对于鲜黄色而言给人一种更内敛、快乐的感受，浅黄色搭配碎花具有田园家居风情，深黄色和金黄色有时很有古韵感，当需要营造一种永恒的感觉时，则可使用这种颜色，当黄色与黑色搭配在一起时，十分吸引人的注意力。

◆ 在餐厅中使用代表食品的黄色，给人丰衣足食的美好寓意

◆ 浅黄色墙面与白色家具是田园风格空间中最常见的配色方案

◆ 纯度较高的黄色常作为黑白灰空间中的点缀色

◆ 大面积的黄色墙面给人一种欢快感与愉悦感

布置软装时，在黄色的墙前面摆放白色的花艺是一种合适的搭配。但是注意长时间接触大面积的黄色，会给人造成不适感，所以建议在客厅与餐厅适量点缀就好。此外，家居空间不适合用纯度很高的黄色作为主色调，否则容易刺激人的眼睛，给人带来不安，因此，建议在室内运用一些纯度较低的黄色，如淡茶黄色，能给人以沉稳、平静和纯朴之感，而用米黄色作为室内的色彩基调，能为空间营造温馨、静谧的生活气息。

黄色在儿童房中的运用极为普遍，活泼绚丽的黄色不仅可以刺激儿童的视觉神经，有助于孩子集中注意力，而且还能促进大脑发育，培养孩子思考、感性和想象的能力。但如果在儿童房过多地运用黄色，容易让孩子的情绪变得激动不安，因此最好不要全屋使用黄色，可适当搭配白色或者米色，以减轻黄色的视觉冲击。此外，可以在局部搭配黄色的软装元素，如窗帘、抱枕、海报等，让整个空间显得明亮起来。也可以选择在衣柜、书桌等家具上运用黄色。显眼而跳跃的黄色，能给孩子创造鲜活奇妙的感觉。

● 中式空间局部点缀黄色抱枕，简约之中透着十足的贵气

● 土黄色的墙面适合表现质朴自然的田园气息

● 黄色是儿童房常见的色彩之一，但在使用时应注意与其他色彩的搭配比例

第六节
绿色搭配应用

6.1 色相类型

  绿色由蓝色和黄色对半混合而成，能给人带来较为和谐的视觉感受。绿色是大自然中生命力量和自然力量的象征，能给人新鲜、朝气、向上、生机勃勃的感觉。从心理层面上来说，绿色往往能让人产生平静、松弛的感觉。此外，由于人眼晶体把绿色波长恰好集中在视网膜上，因此绿色对视力的保护也有一定的作用。

  常见的绿色有苹果绿、军绿色、橄榄绿、宝石绿、冷杉绿、水绿色、孔雀绿、草绿、薄荷绿、竹青色、葱绿色、碧色、森林绿等。

中绿
C 82 M 24 Y 93 K 0

松石绿
C 68 M 8 Y 40 K 0

薄荷绿
C 55 M 0 Y 38 K 0

橄榄绿
C 55 M 30 Y 76 K 0

碧绿
C 66 M 0 Y 50 K 0

森林绿
C 90 M 60 Y 100 K 60

6.2 色彩特征

绿色常被人们视为大自然本身的色彩，不仅象征着生机盎然、自由和平，而且代表着健康、活力以及对美好未来的追求。在大自然中，不同植物的绿色能给人带来不同的视觉感受。竹子、莲花叶和仙人掌，属于自然的绿色块；海藻、海草、苔藓般的色彩则将绿色引向灰棕色，十分含蓄；而森林的绿色则给人稳定感与自然感；黄绿色往往呈现出清新、有活力、快乐的感觉。

绿色常给人以偏冷的感觉，唯有接近黄色阶时才开始趋于暖色的感觉。因此一般不适合在家居中大量使用，通常以点缀使用为主。在室内合理搭配不同明度、不同面积的绿色，往往就能营造出个性十足的氛围和气质。

● **绿色的灵感图**

● **安全的意象**

C 85 M 15 Y 100 K 0　　C 10 M 0 Y 30 K 0　　C 45 M 0 Y 100 K 0

● **刺激的意象**

C 85 M 15 Y 100 K 0　　C 75 M 90 Y 40 K 0　　C 15 M 100 Y 55 K 0

● **革新的意象**

C 100 M 20 Y 80 K 0　　C 0 M 0 Y 0 K 30　　C 0 M 0 Y 0 K 90

● **现代的意象**

C 100 M 20 Y 80 K 0　　C 0 M 0 Y 0 K 0　　C 100 M 90 Y 45 K 15

(6.3) 实战应用

　　绿色是打造室内清新活力氛围的极佳色彩。合理地为室内搭配绿色，能让空间显得生动、活泼，并能营造大自然般的清新感。绿色搭配同色系的亮色，比如柠檬黄绿、嫩草绿或者白色等，会给人一种清爽、生动的感觉；当绿色与暖色系如黄色或橙色相配，则会有一种青春、活泼之感；当绿色与紫色、蓝色或者黑色相配时，显得高贵华丽；含灰的绿色，是一种宁静、平和的色彩，如同暮色中的森林或晨雾中的田野，将其运用在空间中，能营造出平稳安静的感觉。

🔶 含灰的绿色墙面与原木色家具是绝佳搭配，两组颜色都来源于大自然

　　强调回归自然的乡村风格空间，其墙面的色彩以自然色调为主，其中以绿色、土褐色最为常见。自然、怀旧并且散发着浓郁泥土芬芳的颜色，是这类风格空间配色的典型特征。但注意墙面不宜大面积地使用高明度的绿色，以免在视觉上形成压迫感。同时，由于绿色墙面本身的装饰效果就已很强烈，因此无须在墙面上搭配太多的软装饰品，一般只需要悬挂风格简约的装饰画或挂件即可。

🔶 绿色搭配白色，给人一种清爽感

🔶 绿色墙面搭配暖色系软装，营造出充满活泼感的氛围

将不同类型的绿色与其他颜色进行搭配，所呈现出的视觉效果各不相同。如宝石绿与棕色、米色是最佳的搭配，能完美衬托绿色的纯粹美感，同时充满贵族的雍容气质。浅绿色浓淡适宜，与金色搭配能制造出华丽的感觉，与蓝色搭配则能增添文艺的气息，与米色、浅棕色搭配则显得时尚优雅。嫩绿色饱含春天的气息，在棕色、米色的搭配下，会让空间舒适清凉；如果补充少量的黑色作为对比，则能让视觉沉淀下来，起到稳定空间的作用。

由于绿色对保护视力有积极的作用，很多人喜欢在儿童房的墙面或窗帘、床罩等处使用绿色，而且纯度一般较高，既体现了儿童活泼好动的心理特征，又对保护儿童视力有积极作用。

与金属色家具相搭配的绿色墙面需要降低纯度与明度

儿童房中使用大面积的嫩绿色，对保护儿童视力有积极的作用

宝石绿只要在家具单品上适当点缀，就足以吸引人的眼球

将绿色运用在新中式风格的室内空间，能让整个居住环境显得更富有灵性

蓝色搭配应用

7.1 色相类型

　　蓝色是三原色之一，同时也是色相环上最冷的色彩，与红色互为对比色。蓝色常给人以优雅纯净的感觉，并表现出美丽、冷静、理智、安详与广阔的气质。蓝色的种类繁多，每一种蓝色又代表着不同的含义。

　　常见的蓝色有靛蓝、蓝紫色、中国蓝、牛仔蓝、海军蓝、孔雀蓝、普鲁士蓝、普蓝、钴蓝、天蓝色、水蓝色、婴儿蓝、静谧蓝、克莱因蓝、柏林蓝、宝石蓝等。

孔雀蓝
C 88 M 55 Y 45 K 0

靛蓝
C 95 M 70 Y 40 K 0

钴蓝
C 90 M 60 Y 40 K 0

海军蓝
C 90 M 85 Y 30 K 0

普鲁士蓝
C 100 M 80 Y 60 K 30

婴儿蓝
C 30 M 16 Y 12 K 0

7.2 色彩特征

蓝色容易使人联想到宽广、澄清的天空，以及透明深沉的海洋，因此常给人一种爽朗、开阔、清凉的感觉。作为冷色的代表颜色，蓝色还能够表现出和平、淡雅、洁净、可靠等多种感觉。

同时，蓝色是兼具灵性与知性的色彩，在色彩心理学的测试中发现，几乎没有人对蓝色反感。不同明度的蓝色会给人以不同的感受。深蓝色可以给人一种悲伤、神秘、可靠和有力度的感觉；而浅蓝色则通常会让人联想到天空、海洋，能带来平静、友好的感觉。

蓝色从各个方面仿佛都与红色呈对立面，比如在直观的视觉感受上，蓝色是透明的和潮湿的，红色则是不透明的和干燥的；从心理层面上来看，蓝色代表冷的、安静的，红色则代表热的、兴奋的；在性格上，红色代表热情粗犷，蓝色则属于内敛清高的色彩。

● 蓝色的灵感图

● 理性的意象

C 100 M 90 Y 45 K 15　　C 0 M 0 Y 0 K 50　　C 15 M 5 Y 0 K 0

● 正式的意象

C 100 M 90 Y 45 K 15　　C 0 M 0 Y 0 K 40　　C 30 M 30 Y 30 K 100

● 鲜明的意象

C 100 M 70 Y 0 K 0　　C 0 M 0 Y 0 K 0　　C 30 M 30 Y 30 K 100

● 华丽的意象

C 100 M 40 Y 30 K 0　　C 0 M 10 Y 100 K 0　　C 10 M 100 Y 90 K 0

7.3 实战应用

深浅不同的蓝色，能让室内空间呈现浪漫、知性的气质。低纯度的蓝色主要用于营造安稳、可靠的氛围，会给人一种都市化的现代派印象；而高纯度的蓝色可以营造出高贵的严肃的氛围，给人一种整洁轻快的印象。将蓝色作为点缀色，可迅速打破视觉上的单调感，运用在家具或是饰品上，都能起到活跃氛围的作用。此外，面积较小的房间墙面使用纯度比较低的浅蓝色，能起到扩大空间的神奇作用。需要注意的是切忌在住宅空间的墙面上大面积地使用明度和纯度很高的蓝色，以免打破居住环境的温馨感。

◆ 低纯度的蓝色给人一种都市化的现代派印象

◆ 高纯度的蓝色适合营造高贵的严肃的氛围

◆ 将宝石蓝作为点缀色，打破中性色空间在视觉上的单调感

　　在地中海风格的室内空间中，蓝色和白色的组合是极为经典的色彩搭配。就连门框、楼梯扶手、窗户、椅子的面、椅腿都会做成蓝与白的配色，加上混着贝壳、细砂的墙面、鹅卵石地，金银铁的金属器皿，将蓝与白不同程度的对比与组合发挥到极致。浪漫的表达形式有很多种，但地中海蓝白色彩所弥散出来的浪漫风情却是不可复制的。

76

将同色系的蓝色进行深浅变化的搭配，更能强调蓝色调的非凡气质。比如天蓝与钴蓝带着优雅柔美，即使大面积运用都不会显得突兀，营造出一种宁静舒适的家居氛围。蓝色与中性色也能形成完美的融合，例如静谧蓝搭配黄色系与棕色系，可衬托出端庄高雅的气质；靛蓝的饱和色调通常使人惊艳，注入中性色可以平衡家居的整体视觉；蓝色与三原色中的其他两个颜色搭配，可产生鲜艳活泼的感觉，例如蓝与红或蓝与黄，强烈的视觉对比赋予家居别样的装饰效果。

蓝色不仅简约沉稳，而且还具有一定的镇静效果。因此，在卧室中使用蓝色，能让整个空间显得祥和平静，其中略带灰色的蓝色特别适合运用在单身男性的卧室。灰蓝色的墙面搭配简约的空间线条，使卧室空间显得简约并富有品质感。

此外，蓝色在儿童房中的运用十分普遍，蓝色系的墙面设计一般运用在男孩房中较多。在设计时，不宜使用太纯、太浓的蓝色，可以选择浅湖蓝色、粉蓝色、水蓝色等与白色进行搭配，给儿童房营造出天真烂漫的氛围。

🔘 运用同色系的蓝色进行深浅变化的搭配，需要加入对比的暖色点缀

🔘 蓝色与黄色、红色等三原色中的其他两个颜色搭配，可产生鲜艳活泼的感觉

🔘 带有灰度的蓝色可以展现出卧室空间理性的男性气质

🔘 蓝色是男孩房中应用较多的色彩之一

紫色搭配应用

8.1 色相类型

　　紫色由温暖的红色和冷静的蓝色混合而成，是人类可见光所能看到波长最短的色彩。同时也是极佳的刺激色。紫色是一个跨越冷暖的色彩，精致富丽，高贵迷人。

　　常见的紫色有紫晶色、茄子色、淡紫色、蓝紫色、深紫色、欧石南蓝、风铃草紫色、青莲色、紫红色、薰衣草紫色等。

紫罗兰色
C 60 M 90 Y 10 K 0

淡紫色
C 31 M 28 Y 6 K 0

青莲色
C 70 M 90 Y 0 K 0

深紫红色
C 65 M 90 Y 50 K 15

粉紫色
C 6 M 16 Y 0 K 0

薰衣草紫色
C 20 M 25 Y 5 K 0

8.2 色彩特征

作为红色和蓝色的合成色，可以根据所含红色与蓝色的调色比例创建不同的紫色系。浅紫色中的蓝色比例较多，色彩偏冷的同时，让人感到沉着高雅；深紫色两色比例较为平均，容易让人联想到浪漫与高贵；当红色比例较多则为紫红色，色彩偏暖，十分女性化。

一直以来，紫色都与浪漫、亲密、奢华、神秘、幸运、贵族、华贵等元素有关。在西方，紫色代表尊贵，常成为贵族所爱用的颜色，而在基督教中，紫色则代表至高无上和来自圣灵的力量。

● 紫色的灵感图

● 华丽的意象

C 70 M 85 Y 0 K 0

C 0 M 60 Y 20 K 0

C 25 M 35 Y 0 K 0

● 高雅的意象

C 60 M 75 Y 20 K 0

C 45 M 30 Y 25 K 0

C 100 M 90 Y 45 K 15

● 刺激的意象

C 15 M 100 Y 55 K 0

C 65 M 0 Y 60 K 0

C 70 M 85 Y 0 K 0

● 文雅的意象

C 100 M 40 Y 30 K 0

C 0 M 0 Y 0 K 10

C 60 M 40 Y 15 K 0

紫色带有暗色的特质，在室内使用低明度的紫色，容易给人带来沉闷的感觉。因此，应尽量选择明度较高的紫色。在室内运用紫色还应结合空间特点以及使用功能进行考虑。通常暗紫色应该用在宽敞的房间，使其看起来不会过于空阔，并且更有亲密感；浅紫色可以用在卧室和儿童房，以营造温雅恬静的氛围。此外，紫色给人以忧郁、挑剔的感觉。因此要用紫色来表现优雅、高贵等积极印象时，要特别注意纯度的把握。

将紫色与其他色彩进行合理搭配，能为室内空间带来意想不到的装饰效果。不同的颜色组合主要取决于选择什么样的紫色调。比如茄子色可以搭配绿色、蓝色、红色或黄色等；而经常被运用在卧室空间的薰衣草紫色，一般搭配蓝色、粉色或绿色就很出彩。紫色也能与中性色如黑色、灰色、白色、奶油色和灰褐色组合搭配。紫色和橙色、天蓝色、芥末色等大胆的色彩对比，可以很好地产生鲜明的特性，获得意想不到的效果，比如在抱枕、地毯、摆件等一些软装饰品上就能用橙色。

◈ 紫色搭配白色在视觉上显得清新有活力

◈ 紫气祥云的空间主题，营造出蕴含东方文化的意境

◈ 暗紫色与金色的搭配自带高贵优雅的特征

将柔美浪漫的紫色运用在室内空间，往往能营造精致而又华贵的感觉。同时，紫色是软装设计中的经典颜色，总给人无限浪漫的联想。在室内空间中大面积地运用紫色，会使空间整体色调变深，从而产生压抑感。因此，在搭配时，建议以小面积点缀为主。比如将紫色运用在窗帘、抱枕或者软装饰品上，就能让空间呈现不一样的氛围。如需在墙面、地面等区域大面积运用紫色，应尽量选择淡紫色为主，以减轻空间的重量感及沉闷感。

如果打算在轻奢风格的空间使用紫色，可以选择一些紫色的小型家具作为色彩点缀，让其成为空间里的视觉焦点。比如选择紫色沙发和扶手椅就是个很好的选择。

> 使用紫色，色彩的对比搭配是十分关键的环节，以免让空间的整体色彩效果失去重心，显得突兀。比如将紫色家具作为视觉中心之后，周围的家居装饰应尽量选择浅色与之形成对比或作为映衬。

🔹 粉紫色的贵妃榻增加轻奢风格卧室空间的女性柔美气质

🔹 紫色与蓝色的邻近色搭配组合，呈现出浪漫优雅而精致的风格

🔹 紫色在灰调空间中起到调和作用，给工业风的房间添加温情

一 第九节

米色搭配应用

9.1 色相类型

　　米色泛指介于白色与驼色之间的颜色，由于类似于稻米的颜色而得名。米色比驼色明亮清爽，比白色优雅稳重，整体色彩表现为明度高、纯度低。自然界中有很多米色物质存在，因此米色是属于大自然的颜色，一般而言，麻布的颜色就是米色。

　　常见的米色有浅米色、米白色、奶茶色、奶油色、牙色、驼色、浅咖色等。

@ 辰楠设计

沙色
C 15 M 20 Y 26 K 0

牙色
C 10 M 15 Y 36 K 0

奶茶色
C 38 M 47 Y 60 K 0

奶油色
C 7 M 15 Y 37 K 0

驼色
C 10 M 40 Y 60 K 30

沙尘色
C 20 M 30 Y 45 K 0

9.2 色彩特征

米色象征着优雅、大气、纯净、浪漫、温暖、高贵。在室内任何地方使用这个颜色，都不会给人带来突兀的感觉。米色系和灰色系一样百搭，但灰色太冷，米色则很暖。而相比白色，它含蓄、内敛又沉稳，并且显得大气时尚。米色系中的米白、米黄、驼色、浅咖色都是十分优雅的颜色。女性对米色的理解更加清晰，因为这个色系的女装很多，可以展现女性优雅浪漫、柔情可爱的一面。

● 米色的灵感图

(9.3) 实战应用

米色属于暖色系色彩，相比其他暗沉色系的颜色来说，米色更有利于舒缓人的疲劳，并有助于人进入睡眠，因此米色十分适合运用在卧室空间的墙面上。虽然在墙面上使用米色可以让空间显得恬静温馨，但大面积的米色容易使空间显得单调沉闷，因此可搭配白色系的家具、窗帘或者软装饰品，以起到缓解沉闷感的作用。此外，还可以将不同明度、纯度、色相的米色进行组合使用，不仅可以完美地丰富空间的层次感，并且能提升家居配色的细腻感。

米色除了可以作为主体色使用外，还可以将其作为点缀色加入到其他色系的空间中，增添其温暖浪漫的氛围。例如在寒冷的冬日里，除了花团锦簇可以带来盎然春意，在沙发、地毯、窗帘等元素上加入米色，往往就能起到驱赶寒意的作用。当米色应用在卧室空间时，无论是米色的床上用品，还是一块米色的毛皮地垫，都能让睡眠空间显得暖意洋洋。

🔷 不同纯度与明度的米色搭配，可以更好地营造层次与生机

🔷 米色的墙面让人感官舒适，将空间清爽大方优雅的品质表现出来

🔷 米色最适合应用在卧室的床头墙上，是营造温馨氛围的首选颜色

84

米色常作为室内空间的背景色或主体色使用，在搭配时，可以适当加入其他色系，让空间显得时尚活泼。如白色、黑色、金色、深木色等，都是很好的选择。通过其他色彩与米色进行对比调和，能够让空间的色彩搭配更富有节奏感。此外，如果加入适当的冷灰色作为点缀，则可以让空间显得更有质感。以米色为主体的空间，调和色的明度及纯度逐渐加强的过程，也是空间节奏感和空间张力变大的过程。

🔹 通过不同材质肌理的变化呈现打破大面积米色的单调感

🔹 通过墙面与床品之间的色彩明度差异，增加卧室空间的层次变化

🔹 米色系沙发与充足的采光是绝配，会给客厅带来放松和舒适的感觉

日式风格的室内色彩搭配多以原木、竹、藤、麻以及其他天然材料的颜色为主，具有朴素自然的空间特点。在日式风格的空间里，其墙面一般会刷成米色，与原木色的家具形成和谐统一的视觉感受。在软装上，也常使用米色系的布艺或麻质装饰物作为搭配。

🔹 米色是视觉感觉最放松的颜色之一，可以更好地表现日式家居的淡雅禅意

— 第十节

黑色搭配应用

⑩ 色相类型

黑色是一种具有多种不同文化意义的颜色，黑色与白色的搭配，一直位于时尚的前沿，永远都不会过时。如果将三原色的颜料以恰当的比例混合，使其反射的色光降到最低，人眼也会将其判断为黑色。黑色基本上定义为没有任何可见光进入视觉范围，和白色正相反。

常见的黑色有乌黑、午夜黑、多米诺黑、金刚石黑、漆黑、烟黑等。

黑色
C 0 M 0 Y 0 K 100

漆黑
C 90 M 88 Y 70 K 70

乌黑
C 80 M 85 Y 80 K 60

土黑色
C 80 M 80 Y 100 K 50

黑色是一个非常强大的色彩，庄重而又高雅。而且既可以表示高雅、庄重、严谨、热情、信心、力量，也可以表示悲哀、死亡、邪恶、抑郁、绝望、孤独。同时，黑色也会给人神秘感，让人产生焦虑的感觉。黑色还是稳重、科技的象征，许多科技产品，如电视、跑车、摄影机、音响、仪器的色彩大多采用黑色。

此外，黑色最能显示现代风格的理性与简单，这种特质源于黑色本质的单纯。作为最纯粹的色彩之一，其所具备的强烈的抽象表现力，超越了任何色彩体现的深度。

● 黑色的灵感图

● 强有力的意象

C 30 M 30 Y 30 K 100　　C 10 M 100 Y 90 K 0　　C 100 M 70 Y 100 K 55

● 敏锐的意象

C 30 M 30 Y 30 K 100　　C 0 M 0 Y 0 K 0　　C 100 M 90 Y 45 K 15

● 厚重的意象

C 0 M 0 Y 0 K 90　　C 50 M 80 Y 100 K 25　　C 100 M 80 Y 60 K 45

● 神圣的意象

C 0 M 0 Y 0 K 90　　C 0 M 0 Y 0 K 30　　C 60 M 65 Y 35 K 15

⑩.③ 实战应用

　　黑色是室内设计中最基本的色彩之一，虽然没有其他色彩的万千变化，却有着与生俱来的低调和优雅。在家居空间中，黑色可以与不同的颜色搭配出不同的气质。黑色与金黄色搭配，能为空间制造奢华、高档的感觉；黑色与银灰色搭配，则能让空间显得成熟稳重；黑色和红色搭配能制造出优雅贵气的感觉；当黑色和橙色搭配时，能让空间显得富有艺术气质以及吸引力；将黑色与浅蓝色搭配则会营造出一种保守的味道。

　　黑、白、灰都属于无彩色，而黑色是无彩色系中的一个极端，同时也是压倒一切色彩的重色。因此，在室内设计中一般不能大面积使用黑色，以免形成过于严肃压抑的空间氛围。黑色是现代简约风格中最为常用的色彩之一，并且常与白色搭配使用。在搭配时，应注意在使用比例上要合理，分配要协调。此外，纯粹以黑白为主题的家居也需要点睛之笔，不然满目皆是黑白，让空间少了许多温情。因此，可以点缀适量跳跃的颜色，点缀色可以通过花艺、软装饰品、绿色植物等饰物的搭配来完成。

🔲 在运用黑白色装点室内空间时，应注意对黑色部分的比例把握，过多的黑色容易给人压抑感

🔲 黑色与红色的搭配自然地散发出气场，红色的艳丽热烈，配上黑色的深沉稳重，相互中和，融为一体

🔲 通常窗帘布艺上不适合出现大面积的黑色，黑白条纹的形式对比鲜明又简洁大方

🔲 黑色与金色的搭配，给人一种高档感和品质感

黑色在色彩系统中属于无彩中性，可庄重，可优雅，甚至比金色更能演绎极致的奢华。中国文化中的尚黑情结，与水墨画为代表的独特审美情趣有关。同时，无论是道还是禅，黑色都具有很强的象征意义。将小面积黑色运用在新中式风格空间中的细节处，再搭配大面积的留白处理，于平静内敛中吐露着高雅的古韵，这种配色又和中国画中的水墨丹青相得益彰，比如在新中式空间的吊顶上，以黑色细线条作为装饰，或者在护墙板上加入黑色线条，让整体空间层次更加丰富的同时，又不失古朴素雅的气质。

很多家居空间都会尽量避免选用黑色，因为在人们的固有思维中，黑色一般代表悲伤、暗沉、邪恶等贬义的词汇。但在工业风格的空间里，适当运用黑色，反而能使工业气息更加浓重，不管是客厅还是卧室，都可以利用黑色进行搭配。如果不想空间氛围显得太过压抑，或者户型面积较小，可考虑在室内局部以点缀的形式运用黑色，比如将窗户、暖气甚至管道喷成黑色，也可以在隔断、衣柜上用黑框加玻璃的形式进行设计。不仅能增强空间的通透感，而且还彰显出工业风格的硬朗气质。

工业风格空间可在局部点缀黑色，彰显出硬朗气质

空间在整体的色彩选择上以庄重的红黑为主，体现中式文化深沉、厚重的底蕴

运用黑色在新中式空间中寥寥几笔，就勾勒出了如同水墨画一般的画面

— 第十一节

白色搭配应用

11.1 色相类型

　　白色是明度最高的色彩，且无色相。由于具有简洁优雅的色彩表现特点，因此常常被应用在简约大气的居室空间中。白色是调不出来的颜色，但和其他颜色混合可以让这种颜色的色相减弱，明度提高。

　　常见的白色有纯白、象牙白、奶油白、瓷器白、蜡白色、乳白、珍珠白、葱白、铝白、玉白、鱼肚白、草白、灰白等。

白色
C0 M0 Y0 K0

象牙白
C8 M7 Y 12 K0

11.2 色彩特征

在西方特别是欧美人的眼中，认为白色高雅纯洁，所以白色是西方文化中的崇尚色彩。新娘在婚礼上穿的白色婚纱，表示爱情的纯洁和坚贞。在中国，白色则常与死亡、丧事相关联。

此外，白色常与医疗行业相关，如医生、护士的衣服，医院的墙面。在极简风格的设计中，白色通常作为背景色，用来传达简洁的理念。在商业设计中，白色具有高级、科技的印象，通常会与其他色彩搭配使用。

● 白色的灵感图

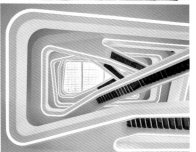

● 新鲜的意象

C 40 M 0 Y 90 K 0　　　C 0 M 0 Y 0 K 0　　　C 60 M 30 Y 0 K 0

● 有活力的意象

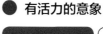

C 10 M 100 Y 90 K 0　　　C 0 M 0 Y 0 K 0　　　C 100 M 80 Y 40 K 0

● 安静的意象

C 0 M 0 Y 0 K 90　　　C 0 M 0 Y 0 K 0　　　C 45 M 20 Y 25 K 0

● 冷静的意象

C 100 M 80 Y 40 K 0　　　C 0 M 0 Y 0 K 0　　　C 100 M 70 Y 60 K 0

11.3 实战应用

白色属于百搭色，能与任何色彩进行混搭。如果同一个空间里各种颜色都很抢眼，互不相让，可以加入白色进行调和。白色可以让所有颜色都冷静下来，同时提高亮度，让空间显得更加宽敞。在进行室内设计时，选择白墙和白色的顶面是最保守的手法，可以给室内的其他色彩搭配奠定发挥的基础。而如果墙面、顶面、沙发、窗帘等都用了其他颜色，那么搭配白色的家具，也同样能起到增强调和感的效果。而且白色家具能够让人产生空间开阔的感觉，将其运用在小空间中，还可以起到减轻拥挤感的作用。

在墙面使用白色不仅可以营造出轻松浪漫的氛围，同时也满足了人们对于纯净空间的向往。在白色墙面的空间中搭配绿色植物作为点缀，能让整体显得清新自然。此外，绿植的搭配，能够让白色墙面和空间里的深色元素形成和谐合理的色彩过渡，不仅加强了空间的整体感，而且还能让整体色彩搭配显得更为流畅。

🍃 同样的白色家具具有不一样的表面质感差异，实现丰富细节层次的目的

🍃 白色空间搭配透明材质的幽灵椅，给予空间通透明亮的视觉感受

🍃 利用大片的白色展开视觉空间的延伸，形成穿透，为室内带来了浓郁的优雅气质

🍃 在小户型空间中，白色可让空间显得更加宽敞明亮

白色纯洁、柔和而又高雅，往往在法式风格的室内环境中作为背景色使用。法国人从未将白色视作中性色，他们认为白色是一种独立的色彩。纯白由于太纯粹而显得冷峻，法式风格中的白色通常只是接近白的颜色，既有白色的纯净，也有容易亲近的柔和感，例如象牙白、乳白等，既带有岁月的沧桑感，又能让人感受到温暖与厚度。

> 象牙白相对于单纯的白色来说，会略带一点黄色。虽然不是很亮丽，但如果搭配得当，往往能呈现出强烈的品质感。此外，由于象牙白比普通的白色更浓稠饱和些，因此将其运用在室内装饰中，能让居住环境显得非常细腻温润。

北欧风格中，白色是较为常见的色彩，拥有了白色的单纯，同时又不会让人觉得十分单调、清冷。这样的颜色是更容易让人接受的，同时也是更好进行其他的家具等方面搭配的，是个不错的选择。

将留白手法运用在新中式家居的设计中，可减少空间的压抑感，并将观者的视线顺利转移到被留白包围的元素上。东方美学无论是在书画上还是诗歌上，都十分讲究留白，常以一切尽在不言中的艺术装饰手法，引发对空间的美感想象。在新中式风格中运用白色，是展现优雅内敛与自在随性格调的最好方式，而且白色调的运用是新中式风格在色彩搭配上最大的突破，再搭配以亚麻、自然植物原色等，让整个空间充满通透感。

◈ 法式风格中常见优雅的象牙白墙面

◈ 纯净的白色是北欧风格家居最常用的色彩之一

◈ 大面积墙面的留白让空间展现出淡淡的禅意

第十二节
灰色搭配应用

12.1 色相类型

　　灰色为无彩色，是介于黑和白之间的一系列颜色，可以大致分为深灰色和浅灰色。比白色深些，比黑色浅些，比银色暗淡。灰色属于中性色，依靠邻近的色彩获得生命，灰色一旦靠近鲜艳的暖色，就会显出冷静的品格；若靠近冷色，则变为温和的暖灰色。

　　常见的灰色有浅灰色、中灰色、深灰色、玛瑙灰、铝灰色、沥青灰、玄武岩灰、混凝土灰、水晶灰、烟灰色、雾灰色、佩恩灰色等。

冰川灰
C 26 M 17 Y 18 K 0

烟灰色
C 43 M 36 Y 34 K 0

银灰色
C 26 M 20 Y 26 K 0

黑灰
C 20 M 25 Y 25 K 75

青灰
C 25 M 5 Y 25 K 60

蓝灰
C 30 M 8 Y 10 K 40

色彩特征

灰色是一种稳重、高雅的色彩，其色彩内涵给予人的是深思而非兴奋，是平和而非激情。灰色具有柔和、高雅的意象，属于中间色，男女皆能接受，所以灰色也是永远流行的颜色。灰色让人联想起冰冷的金属质感和上个时代的工业气息，同时，许多高科技产品，尤其是金属材质的，几乎都采用灰色来传达高级、技术精密的形象。

使用灰色时，大多利用不同的层次变化组合或搭配其他色彩，才不会过于单一、沉闷，否则大面积单独运用灰色，容易形成呆板、僵硬的感觉。

● 灰色的灵感图

● 优雅的意象

C 0 M 0 Y 0 K 50　　C 50 M 35 Y 60 K 15　　C 25 M 100 Y 100 K 80

● 绅士的意象

C 30 M 30 Y 30 K 100　　C 0 M 0 Y 0 K 50　　C 100 M 90 Y 45 K 15

● 男子汉的意象

C 0 M 0 Y 0 K 60　　C 50 M 80 Y 100 K 25　　C 100 M 75 Y 55 K 25

● 认真的意象

C 0 M 0 Y 0 K 60　　C 0 M 0 Y 0 K 10　　C 100 M 75 Y 55 K 25

(12.3) 实战应用

灰色既非暖色又非冷色，而且不像黑色与白色那样，会影响其他色彩的呈现效果，任何色彩都可以和灰色进行搭配。

灰色不像黑色与白色那样会明显影响其他的色彩，因此，作为背景色彩非常理想。任何色彩都可以和灰色相混合。没有色彩倾向的灰色只是作为局部配色以及调色用，带有一定色彩倾向的灰色则常常被大量用来作为住宅装饰的色调，给人以细腻、含蓄、稳重、精致、文明而有素养的高档感。浅灰色显得柔和、高雅而又随和；深灰色有黑色的意象；中灰色最大的特点是带点纯朴的感觉。

使用灰色时，大多利用不同的层次变化组合或搭配其他色彩，才不会有呆板、僵硬的感觉。灰色也是最被动的色彩，它是彻底的中性色，依靠邻近的色彩获得生命，灰色一旦靠近鲜艳的暖色，就会显出冷静的品格；若靠近冷色，则变为温和的暖灰色。

🔻 利用不同明度灰色的层次变化展现质感美

🔻 灰色调空间使现代语言与传统文化得以圆融合一，有极简之美的同时又注入了东方韵味的意境

🔻 灰色与黑色、白色的组合呈现永恒的经典，是现代风格家居的典范

灰色以其沉稳、包容、内敛的特性，成为室内墙面最为常用的色彩搭配之一。灰色的墙面能为软装饰品提供一个最佳的背景。无论是色彩缤纷的绘画还是摄影作品，甚至是雕塑，将其陈设在灰色的背景墙前，都能够产生极为强烈的视觉对比效果。无论是深灰、海牛灰或是冷灰色，都是艺术背景墙的极佳色彩搭配。

在以灰色为主色调的空间中，由于配色比较简单，在家具的选择上要尽量使用造型简洁、功能实用的款式。如果觉得灰色的墙面会让空间环境显得过于冷清，可以考虑在空间里点缀一些如白、红、黄等相对跳跃的颜色，不仅能起到提亮空间的作用，而且还可以给人带来一种轻松的感觉。这些亮色的点缀可以通过小家具、花艺、装饰画、饰品、绿色植物等软装元素来完成。但一定要注意搭配比例，亮色不宜过多或过于张扬。

> 近年来，高级灰迅速走红，深受人们的喜欢，灰色元素也常被运用到软装搭配中。通常所说的高级灰，并不是单单代表某几种颜色，更多指的是整个的一种色调关系。有些灰色单拿出来显得并非那么好看，但是它们经过一些关系组合在一起，就能产生特殊的氛围。

🔷 灰色是表现工业复古氛围的最佳色彩

🔷 利用灰色墙面作为背景，表现出简洁利落的空间气质

🔷 灰色空间中加入跳跃色彩的点缀

第十三节
金色搭配应用

13.1 色相类型

金色是一种材质色，一种略深的黄色，是指表面极光滑并呈现金属质感的黄色物体的视觉效果。带有光泽，是金属金的颜色。金色向来是高贵优雅、明艳耀眼的颜色代表，在家具、影视、时装、绘画等众多领域的表现都非常出彩。

常见的金色有旧金色、古金色、青铜色、杜卡特纯金、金褐色、金黄色、黄铜色、淡金黄色、红金、白金等。

 金色

 金褐色
C 50 M 60 Y 90 K 10

 古金色
C 10 M 35 Y 80 K 0

 黄金黄
C 5 M 20 Y 70 K 0

色彩特征

● 金色的灵感图

金色是一种辉煌的色彩，也是太阳的颜色，代表温暖与幸福，也用有照耀人间、光芒四射的魅力。由于黄金的颜色就是金色，因此金色往往还代表着金钱、权力、财富和资本主义，它是骄傲的色彩。很多国家的皇族通常会用金色制作衣服，以体现其至高无上的地位。

金色具有极为奇妙的特性，就是在各种颜色搭配不协调的情况下，使用了金色就能使空间立刻和谐起来，并产生光明、华丽、辉煌的视觉效果。但如果大片地运用金色，对空间的要求非常高，搭配不慎就会取得适得其反的效果。

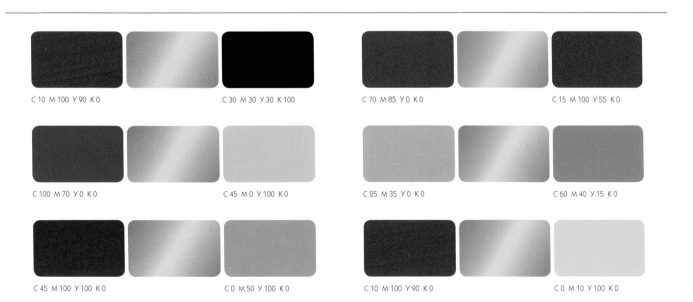

C 10 M 100 Y 90 K 0   C 30 M 30 Y 30 K 100   C 70 M 85 Y 0 K 0   C 15 M 100 Y 55 K 0

C 100 M 70 Y 0 K 0   C 45 M 0 Y 100 K 0   C 25 M 35 Y 0 K 0   C 60 M 40 Y 15 K 0

C 45 M 100 Y 100 K 0   C 0 M 50 Y 100 K 0   C 10 M 100 Y 90 K 0   C 0 M 10 Y 100 K 0

（13.3）实战应用

　　金色不仅能让室内空间熠熠生辉，而且还能体现出大胆和张扬的个性。由于金色本身有纯度、亮度、明度的区别，这三项组合不同，其呈现出的视觉效果也就不一样，使用起来非常微妙。如果空间不大，就不要选择纯度与亮度太高的金色。金色是最容易反射光线的颜色之一，金光闪闪的环境会对人的视力造成伤害，而且容易使人精神高度紧张，不易放松。因此，在搭配时可以根据整体色调选择一定的比例进行点缀即可。

　　金色常给人以华丽高贵和富丽堂皇的感觉。如果空间的面积较大，可考虑较大面积或在多处使用金色来显现豪华与气派；若居室面积不够大，则可运用金色饰品来调节气氛，让室内空间更加生动，也可以选择有品位的金色家具单品来提升居室的档次。其实金色想要运用得好看，选对单品也是关键的因素之一。选择一款有质感的金色元素，就能提高整体软装的格调，营造高级感。

● 在现代轻奢风格空间中适当点缀金色的软装元素，有效提升家居的品质感

● 灰色既可以压住金色张扬的跳跃感，又能反衬出华丽的视觉效果

● 亚光的金色楼梯彰显出豪宅的风范

金色是极易被辨识的颜色，无论是接近于背景还是跳脱于背景都不会被淹没。因此，可以考虑将金色的刚硬和闪亮、质感和装饰性运用于中式家居空间的墙面、家具以及其他软装细节之中，营造奢华典雅的视觉感。对于中式风格来说，金色与黑色的组合是十分常见的色彩搭配。将金色与黑色融合在中式空间中，往往能产生极为强烈的视觉效果。

金色是法式风格中最具代表性的色彩之一，有着光芒四射的魅力，而且可以很好地起到营造视觉焦点的作用。在法式风格的室内空间中，常用金色突显金碧辉煌的装饰效果。无论是作为大面积背景存在还是作为饰品或点缀小比例彰显，都能为空间增添辉煌而华丽的视觉感受。其实，金色在法式风格中的应用由来已久。比如在法式巴洛克风格中，除了各种手绘雕花的图案外，还常在雕花上加以描金，在家具的表面上贴金箔，以及在家具腿部描上金色细线等，让整个空间金光闪耀，璀璨动人。

富丽堂皇的金色与禅意端庄的黑色搭配，使得房间充满一种神秘高贵感

金色的华丽和白色的优雅恰如其分地展现出法式风格的奢华感

降低纯度与明度的金色配合雕花细节，更能表现出一种低调的贵族气质

Color
Furnishing Design

—软装配色教程—

从入门到精通

3

COLOR

FURNISHING DESIGN

色彩与纹样在空间中的应用

一 第一节
空间色彩搭配方式

（1.1） 单色型配色

单色型配色是指完全采用同一色相但不同纯度和明度的色彩进行配色的组合，例如青配天蓝，墨绿配浅绿，咖啡配米色，深红配浅红等，这些色彩搭配极有顺序感和韵律感。在各种同类型配色方案中，紫色和绿色是最理想的选择，因为它们都是冷暖结合的色彩，紫是红加蓝，绿是黄加蓝。

单色型配色方案能化细碎为整体，对于色彩初学者来说也最能锻炼其辨色能力，通过单色型配色方案的搭建能充分观察同一色彩的明度和纯度变化，找出理想的搭配规律。但必须注意单色搭配时，色彩之间的明度差异要适当，相差太小、太接近的色调容易相互混淆，缺乏层次感；相差太大、对比太强烈的色调会造成整体的不协调。单色搭配时最好以深、中、浅三个层次变化，少于三个层次的搭配显得比较单调，而层次过多容易显得杂乱。

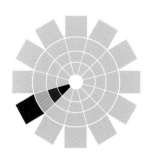

此外，虽然单色搭配的方式可以创造一个稳重舒适的室内环境，但这并不意味着在单色系组合中不采用其他的颜色，少量的点缀还是可以起到画龙点睛效果的，只要把握好合适的比例即可。

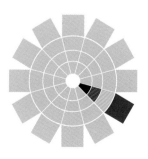

1.2 跳色型配色

　　跳色搭配是指在色轮中相隔一个颜色的两个颜色相结合组成的配色方案。相比单色配色方案，跳色更显活泼。

　　跳色有两种组合：一种是原色加一个复色，另一种是由两个间色组合。跳色配色方案本身的跨度不大，却要比同类型配色有更多的可变化性，在色彩的冷暖上也可以营造更丰富的体验，如果想营造一个色彩简单但活泼的空间，跳色方案是一个很好的选择。比如黄色和绿色搭配就十分和谐，因为绿色本身就含有黄色；又比如蓝紫色和红紫色，两者共享紫色。

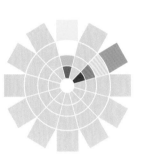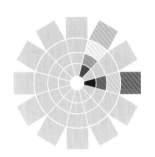

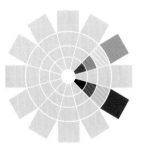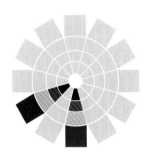

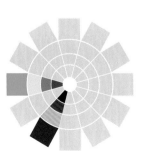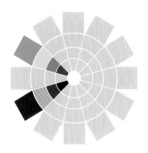

1.3 邻近型配色

邻近型配色是指 12 色相环中相邻或三个并肩相连的色彩构建而成的色彩。如黄色、黄绿色和绿色，红橙、橙和黄橙等，虽然它们在色相上有很大差别，但在视觉上却比较接近。搭配时通常以一种颜色为主，其他颜色为辅。一般来讲，邻近型配色就是指几个颜色之间有着共用的颜色基因，如果想要实现色彩丰富但又要追求色彩整体感时，邻近型配色方案是一个好选择。

邻近型配色方案在视觉上的感受会较同色系的搭配丰富许多，让空间呈现多元层次与协调的视觉观感。搭配时一方面要把握好色彩之间的和谐，一方面又要使几种颜色在纯度和明度上有区别，使之互相融合，取得相得益彰的效果。

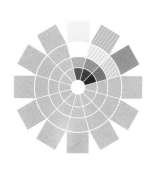 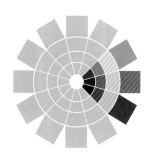

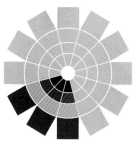 

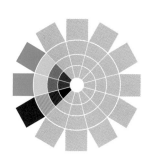 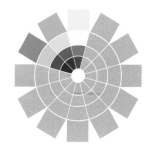

1.4 对比型配色

对比色在 12 色相环上相当于间隔三个颜色的颜色。三个基础色互为对比色，如红与蓝、红与黄、蓝与黄；三个间色互为对比色，如紫色与橙色，橙色与绿色，绿色与紫色。

想要表达开放、有力、自信、坚决、活力、动感、年轻、刺激、饱满、华美、明朗、醒目之类的空间设计主题，可以运用对比型配色。对比型配色的实质就是冷色与暖色的对比，在同一空间，对比色能制造富有视觉冲击力的效果，但不宜大面积同时使用。

在软装设计中，运用对比色搭配是一种极具吸引力的挑战。因为在强烈对比之中，暖色的扩展感与冷色的后退感都表现得更加明显，彼此的冲突也更为激烈。要想实现恰当的色调平衡，最基本的就要避免色彩形成混乱。弱化色彩冲突的要点首先在于降低其中一种颜色的纯度；其次注意把握对比色的比例，最忌讳两种对比使用相同的比例，除了突兀，更会让人感觉视觉不快。所以，在对比色中也要确定一种主色，一种辅色。一般来说，主色多用在室内顶面、墙面、地面等面积较大的地方；辅色则用于家具、窗帘、门框等面积较小的地方，再配以少许的白、灰、黑等与之组合，就是一个成功的配色案例。当然只要能把握住色彩比例就可灵活使用。

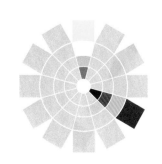
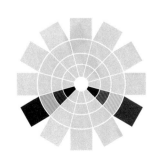
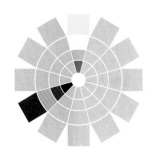
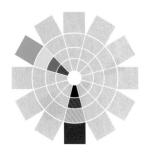

1.5 互补型配色

互补型配色是指处于色相环直径两端的一组颜色组成的配色方案，例如红和绿、蓝和橙、黄和紫等。互补型配色很容易实现冷暖平衡，因为每组都由一个冷色和一个暖色组成，所以容易形成色彩张力，激发人的好奇心，吸引人的注意力。

互补色比对比色的视觉效果更加强烈和刺激。如果想要突显空间的色彩效果，特别是向往对立色彩关系营造的效果，又或者想达到一种使人的注意力同时关注多处而非仅聚焦于某一处的效果，对立互补色就是很好的选择。互补色的运用需要较高的配色技能，一般可通过面积大小、纯度、明度的调和来达到和谐的效果，使其表现出特殊的视觉对比和平衡效果。不过在这种配色方案中要适当调整其中一个色彩的明度和纯度，以免造成彼此相等从而相争的关系，如用亮红搭配灰绿。

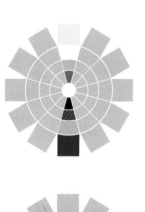

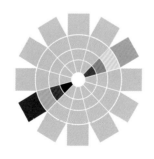

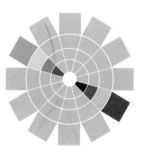

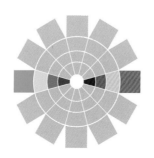

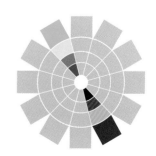

1.6 分散互补型配色

　　分散互补型配色方案是指色轮里任何一个颜色与其直接互补色旁边的两个颜色所组成的配色方案。这类配色方案比互补色多了一种颜色的选择，也同样容易形成色彩张力，激发人的好奇心，吸引人的注意力。

　　相对于互补型配色方案而言，分散互补型配色的变化更大。比如想强调空间的色彩效果但不想只局限于两个颜色，又或者感觉直接对立互补色的碰撞过于直、不够巧妙，那么分散互补型配色就会是一个适合的选择。

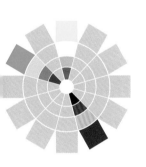
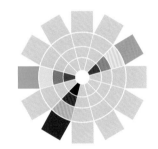

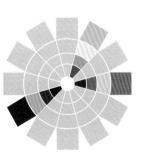
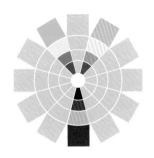

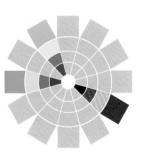
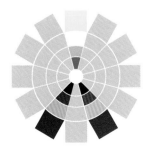

1.7 三角型配色

三角型配色是指在色相环上形成等边三角形关系的色彩组合，例如红、黄、蓝三种颜色在色相环上组成一个正三角形，这种组合具有强烈的动感。如果使用三间色，则效果会温和一些。如果想要表达畅快明朗、华丽开放、成熟稳定、阳光轻快之类的意象设计主题，可以运用三角型配色方案，但在使用时一定要选出一种色彩作为主色，另外两种作为辅助色。此外，三角型配色中可加入少量其他颜色，形成更为稳定的配色。

三角型配色方案非常活跃，适合面积较大的住宅空间。即使不熟悉色轮原理或色彩理论的人，也会觉得这样的三种颜色组合在一起是平衡的，比如红、黄、蓝，绿、紫、橙，或红紫、蓝绿、黄橙，色彩的把控更复杂，但效果也更能引人入胜。其中蒙德里安的红黄蓝色彩艺术拼图最具代表性。当想要色彩凸显秩序感、结构、韵律这样复杂多变却直接纯粹的效果时，三角型配色就是很好的选择。

金亭鸟空间设计

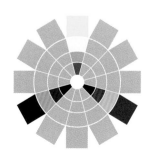

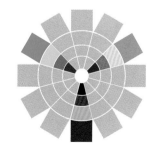
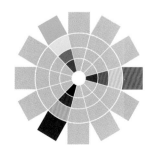

1.8 四角型配色

在 12 色相环中由四个颜色形成正方形的配色组合，也就是将两组互补色交叉组合之后，便得到四角型配色，特点是在醒目安定的同时又具有紧凑感。在一组互补色对比产生的紧凑感上复加一组，是冲击力最强的配色类型。例如当抱枕这类点缀色以四角型配色组合时，可立即显现出活跃的气氛。

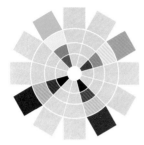

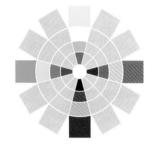

1.9 全相型配色

全相型就是使用全部色相进行搭配的类型，产生自然开放的感觉，表现出十足的华丽感。使用的色彩越多越感觉自由。一般使用色彩的数量有五色的话，就被认为是全相型。因为全相型的配色将色相环上的主要色相都网罗在内，所以达成了一种类似自然界中的丰富色相，形成充满活力的节日气氛。

全相型配色中，不具有特定颜色所持有的印象是其一大特征，所以颜色的面积上有较大差异的话，所持有的印象就会被强调。另外，每个颜色的面积都很大的话，颜色数量少，颜色集合所强调的华丽就无法被表现出来。多色配色中，是以颜色之间的对比来表现变化的，所以颜色配置需要不规律，不可以把类似色和相同色放得过近。

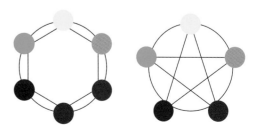

第二节
常见软装配色技法

2.1 对比配色法

明度对比、色相对比、纯度对比是最基本、最重要的色彩对比形式。在实践中很少有单一对比形式出现，绝大部分是以明度、色相、纯度综合对比的形态出现的。色相对比具有强烈的视觉冲击，可给人留下深刻的印象，适合营造健康、活跃、华丽的气氛，在接近纯色调状态下的色相对比，可展现出充满刺激性的色彩印象。

明度对比是指高明度和低明度色彩组合在一起使用，高明度的色彩会看起来更亮，低明度的色彩会看起来更暗。明度对比会展现出力度感，但是缺少柔和高雅的感觉。

把不同纯度的色彩相互搭配，根据纯度之间的差别，可形成不同纯度的对比关系即纯度对比。

明度对比配色　　　纯度对比配色　　　色相对比配色

蓝色与粉色两组沙发形成明显的对比，起到强调效果，高纯度的宝蓝色看起来更会明显

同一色相即使纯度发生了细微的变化，也会带来视觉上的变化。在应用色彩中，单纯的纯度对比很少出现，其主要表现为包括明度、色相对比在内的以纯度为主的对比。

2.2 突出主体法

一个空间中的主体色往往需要被恰当地突显，在视觉上才能形成焦点。如果主体色的存在感很弱，整体会缺乏稳定感。

首先可以考虑运用高纯度色彩作为主体色，鲜艳的主体色可以让整体更加安定；其次可用增加主体色与周围环境色彩明度差的办法，通常明度差小，主体色存在感弱；如果明度差增大，主体色就会被突显。还有一种方法是当主体色的色彩比较淡雅时，可通过附加色给主体家具增添光彩，但注意附加色的面积不能太大，否则就会升级成为衬托色这样的大块色彩，从而改变空间的色彩主体关系。小面积的应用既能装点主体，又不会破坏整体感。

灰色沙发显得低调雅致，增添几个红色以及黑白图案的抱枕，可以将视线吸引到沙发这个主体上来

床的颜色与周边色彩的明度差异很小，使得床在这个卧室中的主角存在感很弱

提升床的色彩明度，床与周边色彩的明度差增大，主体地位突显

2.3 重复点缀法

重复点缀法是指相同色彩在不同位置上重复出现，会产生一定的秩序和韵律感，即使出现的地点不同，也能达到一种调和的效果。例如将黄色分布于空间中各个位置上，使得家具、墙面、窗帘等产生呼应，房间整体感大为增强。

🔶 橙色餐巾虽然是点缀色，但通过整体摆放，使餐桌区域形成整体感

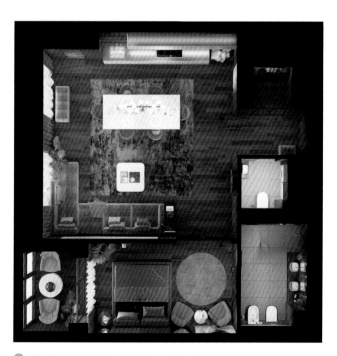

🔶 即使橙色出现在客厅、卧室等不同空间，也能达到共鸣融合的效果

2.4 渐变排列法

渐变排列法是指色彩按一定方向逐渐变化，既有从红到蓝的色相变化，也有从暗色调到明色调的明暗变化。这类配色方法可以产生韵律感。根据颜色组合的方式不同，可以表现出空间的深邃感，还有质感和立体感。在沙发上摆设多种颜色的抱枕容易显得杂乱，但按照色相排列的方式进行摆设，可给人一种协调感。又比如在空间中，顶面采用白色或比墙面浅的色彩，地面采用重色，形成从上而下的明度渐变，整体给人非常稳定的感觉。

🔶 渐变配色

X

🔶 虽然有统一感，但是排列顺序不对

√

🔶 按照阶段排列的话，就会产生一定的韵律感

🔶 从顶面到地面，色彩明度以渐变方式递减，重心居下，给人一种稳定感

(2.5) 分离配色法

如果出现多种色彩，并且不按照色相、明度、纯度的顺序进行色彩组合，而是将其打乱形成穿插效果的配色，可以形成一种开放感和轻松的气氛。这种配色方法跟全相型配色有点类似，给人一种活力感。

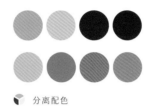

🔲 分离配色

🔲 深色墙面在顶面与地面之间进行分离，重心居中，空间动感强烈

🔲 色相和明度均以无顺序的穿插方式组合，追求一种活力动感的配色效果

（2.6）调和融合法

在软装配色中，在主体没有被明确突显出来的时候，整个设计就会趋向融合的方向。具体可采用对色相、纯度、明度的控制来达到融合的目的。

首先可以考虑靠近色相的方法。通常情况下，色相差越大越活泼，反之色相越靠近越稳定。通过减小色相差，可以使色彩彼此趋于融合，使配色更稳定。

在色相差较大的情况下，如果能使彼此的明度靠近，整体的配色也可给人安定的感觉。但注意明度差为零，且色相差很小的配色，容易使空间过于平稳，让人有乏味的感觉。

同色调的色彩是相容性非常好的配色，即使色相之间存在差异，也能够营造出和谐的氛围。但注意靠近色调虽然很容易协调整体的配色，但也容易变得单调。可以将不同的色调进行组合，表现出同一种有变化的微妙感觉。

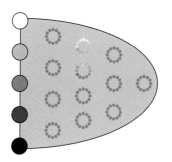
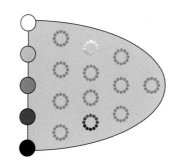

靠近色调有融合感　　　　　对比色调突显的感觉

大色相差：强力、活泼、动感　　小色相差：稳定、温馨、恬静

明度相差较大，有强调的效果　　同一色彩的明度，给人稳定感

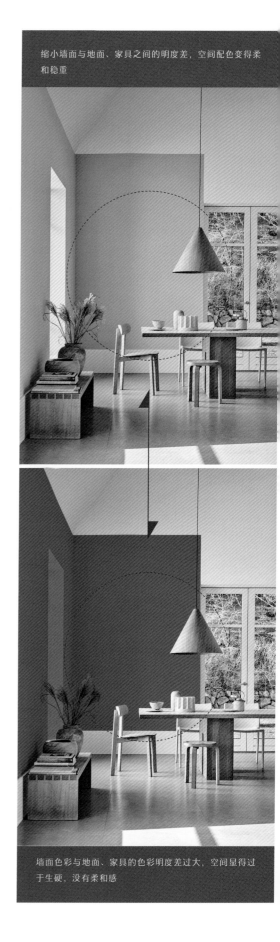

缩小墙面与地面、家具之间的明度差，空间配色变得柔和稳重

墙面色彩与地面、家具的色彩明度差过大，空间显得过于生硬，没有柔和感

软装纹样搭配应用

3.1 常见纹样类型

● 几何纹样

几何纹样从原始构成上来说就是经纬线的交替穿插，从古至今人们根据自己的想法创作改变经纬线秩序、排列形成各种复杂多变的几何纹样，点、线、面的巧妙组合本身就是一门艺术。几何图案的美学意义，首先就是和谐之美，由和谐派生出对称、连续、错觉，这四种审美既独立存在，又相互联系。几何纹样在墙面装饰上有着广泛的应用，是现代风格装饰的特征。常见的有条纹、格纹、菱形纹样以及波普纹样等。

条纹作为一款经典的纹样，装饰性介于格子与纯色之间，跳跃性不强，显得典雅大方。一般来说，墙面运用竖条纹可以让房间看起来更高，水平条纹可以让房间看起来更大。如果追求个性，对比鲜明的黑白条纹可以吸引足够的目光。

格纹是由线条纵横交错而组合出的纹样。它没有波普的花哨，多了一份英伦的浪漫，如果墙面巧妙地运用格纹元素，可以让整体空间散发出秩序美和亲和力。

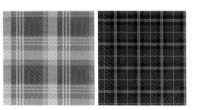

格纹纹样

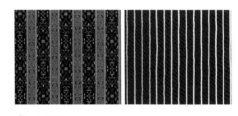

条纹纹样

格纹布艺家具透着十足英伦风和学院情调

竖条纹可以让房间看起来更高，水平条纹可以让房间看起来更大

黑白条纹与格纹在家具布艺上的应用

菱形纹样很早就被人们所运用，早在 3000 年前马家窑文化时期的彩陶罐就用了菱形作为装饰。因为菱形纹样本身就具备了均衡的线面造型，基于它与生俱来的对称性，从视觉上就给人心理稳定、和谐之感。

波普纹样是一种利用人类视觉上的错视所绘制而成的绘画艺术。它主要采用黑白或者彩色几何形体的复杂排列、对比、交错和重叠等手法造成各种形状和色彩的骚动，有节奏的或变化不定的活动感，给人以视觉错乱的印象。

◆ 菱形图案

◆ 波普图案

◆ 菱形图案由于其对称的特性，在视觉上给人稳定与和谐的美感

◆ 波普纹样装饰画

● 古典纹样

传统古典纹样分为中式古典纹样和欧式古典纹样，指的是由历代沿传下来的具有独特民族艺术风格的纹样。

中式古典纹样中常见的有回纹、卷草纹、梅花纹、祥云纹等。回纹是已经有三千多年历史的中国传统装饰纹样，它由古代陶器和青铜器上的水纹、雷纹、云纹等演变而来，由横竖短线折绕组成的方形或圆形的回环状花纹，形如"回"字，所以称为回纹。卷草纹如同中国人创造的龙凤形象一样，是集多种花草植物特征于一身，经夸张变形而创造出来的一种意象性装饰样式。因此，卷草纹寓意着吉利祥和、富贵延绵。梅花纹在秦汉时期便开始出现，唐宋时期渐渐流行起来，明清以来梅花图案成为人们最喜闻乐见的吉祥图案之一。梅花在构成纹样时既可以单独构图，也可以与喜鹊组合构图，寓意喜气洋洋。祥云纹是最为常见的传统纹样，是古人用以刻画天上之云的纹饰。

一般由深到浅或由浅到深自然过渡，也有的是由里向四周逐渐散开，或多种层次深浅变化。

🔊 祥云纹造型独特，婉转优美，其美好吉祥的寓意让人感受到中国传统吉祥文化的博大精深

🔊 梅花与喜鹊组合构图，充满东方古典的意会内涵之美

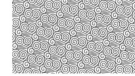

🔊 卷草纹　　　　🔊 回纹　　　　🔊 祥云纹　　　　🔊 梅花纹

欧式古典纹样中常见的有佩斯利纹样、朱伊纹样、大马士革纹样、莫里斯纹样等。佩斯利纹样是欧洲非常重要的经典纹样之一。从最初的菩提树叶、海枣树叶摄取形状灵感，再到往大外形框架中注入几何、花形、细节。它不像其他图案固定排列或颜色搭配。它的花式设计大小不一，自由多变，唯一不变的可能就是那标志性的泪滴状图案。朱伊纹样作为法国传统印花布图案，是以人物、动物、植物、器物等构成的田园风光、劳动场景、神话传说、人物事件等连续循环图案，构图层次分明。大马士革纹样在罗马文化盛世时期是皇室宫廷的象征，大多时候是一种写意的花形，表现形式也千变万化，现在

写意花形的欧洲古典纹样

莫里斯纹样的布艺散发出中世纪田园风格的美感

人们常把类似盾形、菱形、椭圆形、宝塔状的花形都称作大马士革纹样。莫里斯纹样以装饰性的植物题材作为主题纹样的居多，茎藤、叶属的曲线层次分解穿插，互借合理，排序紧密，具有强烈的装饰意味，可谓自然与形式统一的典范，带有中世纪田园风格的美感。

佩斯利纹样的布艺适用于欧洲古典风格

佩斯利纹样

朱伊纹样

大马士革纹样

莫里斯纹样

🔻 东南亚风格的装饰中常见阔叶植物类图案，体现热带雨林的主题

● 植物花卉纹样

　　植物花卉纹样是指以植物花卉为主要题材的纹样设计，将植物花卉图案与现代墙面装饰设计相融合，在传承植物纹样传统文化的同时，也体现了现代设计中人们对自然和生态的追求。我国是最早运用植物花卉纹样的国家，并对欧洲早期的纺织品纹样产生了深刻的影响。唐代团花纹样的出现表明植物花卉纹样趋于成熟，此后又出现了以桃花、芙蓉、海棠为题材的植物花卉纹样，花卉纹样的应用更加广泛且逐渐成熟。不仅在中国，国外对植物花卉的运用也有很长的历史，例如，印度、波斯的织物纹样多数起源于对生命树的信仰，后来石榴、百合、玫瑰等花卉成为主要的题材。

🔻 美式风格空间强调回归自然，墙面装饰上常见各类花卉图案

🔻 中式风格的床头墙上绽放似锦繁花，空间中仿佛有一种时隐时现的鸟鸣声

写实花卉纹样、写意花卉纹样、簇叶纹样是几种常见的植物花卉图案类型。

中国传统的工笔花卉画就是一种写实花卉纹样，受中国写实花卉的影响，西方早期花卉纹样主要是对客观事物的真实描绘，把多种花卉集于同一画面上，并使之疏密有致地分布。

写意花卉纹样主要运用抽象、概括、夸张的手法来描绘花卉纹样，又被称作"似花非花的纹样"。

簇叶纹样主要将植物叶子作为单独装饰纹样，通过不同的排列组合形成强烈的节奏感和韵律感。早在 17 世纪前后，欧洲的巴洛克家居就出现了很多莨苕叶和棕榈叶的装饰纹样。

❦ 簇叶纹样在客厅墙面上的应用

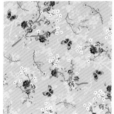

❦ 簇叶图案　　❦ 写实花卉图案

❦ 写实花卉纹样的墙面很容易成为空间的视觉焦点

❦ 写意花卉图案

❦ 写意花卉纹样的卫浴间主题墙

🔹 孔雀纹样

🔹 仙鹤纹样

🔹 麒麟纹样

🔹 龙凤纹样

● 吉祥动物纹样

动物纹样出现的历史较早，在已发现的新石器时期的陶器上即出现大量的动物纹样，包括鱼纹、鹿纹、狗纹等，多较为抽象。除抽象的动物纹样之外，传统中式纹样中常常出现传说中祥瑞的动物纹样，如龙凤、麒麟、孔雀、仙鹤等。这些纹样由于寓意吉祥，深受人们的喜爱，但各个时期的同一动物纹样的造型与风格也有所不同。西方传统的动物纹样往往与神话故事相关联，例如拜占庭时期的狮鹫兽纹样、中世纪时期的独角兽纹样等。

现代装饰设计中对动物纹样的应用较为广泛，各种兽鸟纹为墙面带来了不同的纹样表情，一方面可以表现动物与自然之间的和谐，另一方面也可以表达动物与人类之间的和谐。如昆虫与鸟类等纹样，虽然小巧，但是往往可以起到画龙点睛的效果。

🔹 中式文化中常把仙鹤和挺拔苍劲的古松画在一起，作为延年益寿的象征

🔹 龙纹是中华民族文化的象征之一，从原始社会至今始终沿用不衰

© C.H.Y.室内设计

● 材料肌理纹样

材料肌理是指墙面装饰材质表面的组织纹理结构，即各种纵横交错、高低不平、粗糙平滑的纹理变化，是表达人对设计物表面纹理特征的感受。任何材料表面都有其特定的肌理表面。有的肌理粗犷、坚实、厚重、刚劲，有的肌理细腻、轻盈、柔和、通透。

材料肌理纹样分为自然肌理纹样和创造肌理纹样。自然肌理纹样是由大自然造就的材料自身所固有的肌理特征，如天然木材、竹藤、石材等表面没有加工所形成的肌理。创造肌理纹样是指对材质表面进行雕刻、压揉等工艺处理，然后再进行排列组合而形成的纹理特征。如瓷器的结晶釉、搪瓷的花纹等，又如皮革加工肌理、玻璃加工肌理等。另外像墙砖、马赛克、木饰面板等块形材料，在装饰过程中往往是通过拼合接缝组成更大的面积而产生新的构成纹理，这种也是创造肌理纹样。

🔹 在中性色空间中，往往通过材料肌理的变化来体现生活的丰富及设计的深度

🔹 创造肌理纹样

🔹 自然肌理纹样

3.2 纹样装饰要点

纹样可以应用在顶面、墙面、地面、地毯、窗帘、沙发、抱枕、床上用品、地毯和灯罩上。但这些地方不能同时用上纹样，否则色彩会显得很杂乱。可以选择主要的一处带有纹样，如窗帘、一小面墙、沙发或是床品，然后把纹样上的颜色变成色块，放置到房间各处，制造统一协调的氛围。

同一空间在选用纹样时，宜少不宜多，通常不超过两个纹样。如果选用三个或三个以上的纹样，则应强调突出其中一个主要纹样，减弱其余纹样，否则，过多的纹样会给人造成视觉上的混乱。如果想让多种造型不同的纹样和谐地运用在同一个房间，可选择底色相同的布艺，这样就能很好地协调到一个房间，纹样最好为几何图形、剪影图形等二维图形。通常多色多纹样的搭配方式，最适合用在青少年房间。

室内墙面图案应与家具、布艺以及其他软装元素的色彩形成呼应

虽然墙面、地面与抱枕的纹样造型不同，但由于底色相同，所以视觉上依旧给人一种和谐的美感

如果室内选择三个或三个以上的纹样，应突出其中一个主要纹样，减弱其余纹样

3.3 空间界面的纹样应用

● **墙面纹样**

墙面在室内环境中占有最大的面积，是最容易形成视觉中心的部分，墙面色彩和纹样对塑造室内气氛有着举足轻重的作用。通过对墙面纹样的选择处理，可以在视觉和心理上改变房间的尺寸，能够使室内空间显得狭窄或者宽敞，可以改变室内的明暗度，使空间变得柔和。

一般来说，凡是与室内家具协调的纹样都可以用在墙面上，这样是为了达到室内的整体性，但是有时在设计中也可以大胆采用趣味性很强的图案，以产生强烈的个性展示，既可以形成室内空间的视觉中心，又可以给人留下深刻印象。

一般来讲，色彩鲜明的大花纹样，可以使墙面向前提，或者使墙面缩小；色彩淡雅的小花纹样，可以使墙面向后退，或者使墙面扩展。纹样还可以使空间富有静感或动感。纵横交错的直线组成的网格纹样，会使空间富有稳定感；斜线、波浪线和其他方向性较强的纹样，则会使空间富有运动感。

如果要在墙面上运用图案，要考虑设计的比例。在小房间里使用大型纹样一定要多加小心，因为大型纹样的效果很强，容易使空间显得更小。相反的，如果在面积很大的墙面上采用细小的纹样，远距离看时，就像难看的污渍。纹样的尺寸与将要运用该纹样的空间大小一定要比例相配，同时还要考虑带有纹样的墙壁前放置多少家具，这些家具会不会把纹样遮挡得支离破碎，如果是这样，不如考虑使用一个颜色。

墙面的雕花纹样强调空间的风格特征

色彩淡雅的小花图案让墙面有后退感，使得房间显得更加宽敞

色彩鲜明的大花图案让墙面有前进感，使得房间显得更小

● 顶面纹样

　　顶面纹样不适合小户型空间，通常应用在面积较大的室内空间中。一类是以墙纸图案的形式出现，例如西方古典风格的空间中经常出现欧式复古的纹样，传达贵族气质与浓郁的文化气息；一类是以材料装饰形成的纹样，最常见的如石膏雕花等，通常出现在欧式或新古典风格的空间中。在一些乡村风格居室中，常以天然的木质纹理作为顶面纹样；另外一类比较常见的是条纹或波浪纹之类的几何纹样，对于延伸空间感可以起到很大的作用，适用于简约风格空间。

◆ 现代几何纹样

◆ 天然木质纹样

◆ 石膏雕花纹样

◆ 欧式复古纹样

● 地面纹样

光洁度高的地面能够有效地给人以提升空间高度的感受，但带有很强立体感的地面纹样不只能够活跃空间气氛，体现独特的豪华气质，同时也能够使空间显得更加充实。地面的纹样与平面形式和人体尺度之间也有一定的关系，完整连续的纹样可以提供空间完整性，但纹样的强度与空间尺度关系应具有和谐的比例。

地面纹样通常有三种，一种是强调纹样本身的独立完整性，例如会议室的地面可采用内聚性的图案，以显示会议的重要性。色彩要和会议空间相协调，取得安静、聚精会神的效果；第二种是强调纹样的连续性和韵律感，具有一定的导向性和规律性，多用于玄关、走道及常用的空间；第三种是强调图案的抽象性，自由多变，自如活泼，常用于不规则或布局自由的空间。

❖ 利用与顶面造型呼应的地面纹样界定出一个独立的玄关空间

❖ 富有立体感的地面纹样带来强烈的视觉冲击力

❖ 彩色地砖拼贴而成的大面积纹样富有装饰性，打破了白色墙面、橱柜以及家具的单调感

家居空间配色重点 -

4.1 客厅配色

客厅色彩的确定首先要考虑朝向。南向和东向的客厅一般光照充足，墙面可以采用淡雅的浅蓝色、浅绿色等冷色调；北向客厅或光照不足的客厅，墙面应以暖色为主，如奶黄色、浅橙色、浅咖啡色等色调，不宜用过深的颜色。

浅色的墙面更容易搭配，在视觉上也会给人明亮的感觉。而深色的墙面在视觉上不仅会给人带来压抑的感觉，也会极大程度地影响房间的采光。所以在客厅的墙面颜色选择之中，通常中性色是最常见的，如米白、奶白、浅紫灰等颜色。如果认为颜色的搭配过于单一，也可以选择三面白墙一面彩墙的设计。

如果把客厅墙面和家具的颜色进行巧妙搭配，可以产生惊艳的视觉效果。所以在选择客厅墙面颜色的时候，需要和家具结合起来，而家具的色彩也要和客厅墙面相互映衬。比如客厅墙面的颜色比较浅，那么家具一定要有和这个颜色相同的色彩在其中，这样的表现才更加完美自然。通常，对于浅色的家具，客厅墙面宜采用与家具近似的色调；对于深色的家具，客厅墙面宜用浅的灰性色调。如果事先已经确定要买哪些家具，可以根据家具的风格、颜色等因素选择墙面色彩，避免后期搭配时出现风格不协调的问题。

● 浅灰色调的客厅墙面适合搭配深色家具，并通过挂画的色彩与家具形成呼应

● 采光不佳的客厅中，适当运用深色与浅色形成对比，可增加空间的层次感

(4.2) 餐厅配色

餐厅是进餐的专用场所，它的空间一般会和客厅连在一起，在色彩搭配上要和客厅相协调。具体色彩可根据家庭成员的爱好而定。通常色彩的选择一般要从面积较大的部分开始，最好首先确定餐厅顶面、墙面、地面等硬装的色彩，然后再考虑选择合适色彩的餐桌椅与之搭配。颜色之间的相互呼应会使餐厅显得更加和谐，形成独特的风格和情调。

通常餐厅的颜色不宜过于繁杂，以两种到四种色调为宜。因为颜色过多会使人产生杂乱和烦躁感，影响食欲。在餐厅中应尽量使用邻近色调，太过跳跃的色彩搭配会使人感觉心里不适，相反，邻近色调则有种协调感，更容易让人接受。其中黄色和橙色等这些明度高且较为活泼的色彩，会给人带来甜蜜的温馨感，并且能够很好地刺激食欲。局部色彩可以选择白色或淡黄色，这是便于保持卫生的颜色。

在黑白灰色调的餐厅中加入降低纯度的橙色，即使是很小的点缀也会引人注目

孔雀蓝餐椅与灰绿色墙面的邻近色组合带来一种协调感，再通过拉大明度与纯度的对比呈现出层次感

中性色搭配的餐厅中，通过装饰画的色彩点缀给空间添加活力

餐厅中适当运用黄色可起到刺激食欲的效果

单色的卧室空间在视觉上显得更加开阔

4.3 卧室配色

　　卧室装修时，尽量以暖色调和中性色为主，过冷或反差过大的色调尽量少使用。色彩数量不要太多，2—3 种颜色即可，多了会显得眼花缭乱，影响休息。具体的颜色不仅要看居住者的个人喜好，还要考虑到整体的装饰风格。除此以外，也要考虑家具和配饰的色彩、款式是否相适应，因为居室空间的任何元素都不是孤立存在的，要想使空间和谐统一，需要全方位综合考虑。

　　通常墙面、地面、顶面、家具、窗帘、床品等是构成卧室色彩的几大组成部分。卧室顶部多用白色，显得明亮。卧室墙面的颜色选择要根据空间的大小而定。大面积的卧室可选择多种颜色来诠释；小面积的卧室颜色最好以单色为主，单色的卧室会显得更宽大，不会有拥挤的感觉。卧室的地面一般采用深色，不要和家具的色彩太接近，否则影响立体感和明快的线条感。卧室家具的颜色要考虑与墙面、地面等的颜色的协调性，浅色家具能扩大空间感，使房间明亮爽洁；中等深色家具可使房间显得活泼明快。

在考虑卧室的色彩搭配时，需要将窗帘、床品、地毯以及台灯等小饰品的色彩一并考虑在内，才能形成协调和谐的效果

和谐的色彩搭配有助于营造温馨舒适的睡眠环境

4.4 书房配色

书房是学习、思考的空间，应避免强烈刺激，宜多用明亮的无彩色或灰色、棕色等中性颜色，选用安全的白色来提高房间的亮度也是个不错的选择。

书房内的家具颜色应该和整体环境相统一，通常应该选用冷色调，这种色调可以让人心平气和，并且还能让人集中精神。如果没有特殊需求，书房的装饰色彩尽量不要采用高明度的暖色调，因为在一个轻松的氛围中出现容易让人情绪激动的色彩，自然就会对人心情的平和与稳定造成影响，达不到良好的学习效果。

白色与浅灰色调的应用可以更好地提高房间的亮度

书房宜用中性色，创造出让人静心学习与思考的轻松氛围

不同的颜色有不同的效果。例如一张绿色的写字台搭配草绿色的墙面和绿色的座椅，会让人保持淡定，心情平稳，最适合情绪容易波动的人。蓝色能够让人平静下来，运用在书房是最合适的。一个精致的蓝色小台灯，可以在其实用功能之外，起到更多的装饰作用。富有活力的橙色，可以增强整体空间的明亮度，干净的颜色也让阅读者的心情更加愉悦。纯洁优雅的白色可以让紧张的神经得到松弛，使整个空间都散发着宁静、祥和的气息。

当然，为了避免书房色彩的呆板与单调，在大面积的偏冷色调为主体的色彩运用中，可增加一些色彩鲜艳丰富的小摆件饰品或装饰画等作为点睛之笔，一起营造出一个既轻松又恬静的环境。

🔳 书柜中图书的色彩也成为空间装饰的一部分，并与书椅、地毯的色彩巧妙呼应，给书房增加生气与活力

🔳 蓝色为主的书房空间具有让人迅速冷静的作用

4.5 厨房配色

色彩是家居氛围和环境的主角。厨房色彩的色相和明度可以左右使用者的食欲和情绪，因此做好厨房色彩的合理选择和搭配成了厨房装修的必要考虑因素。

厨房是一个家庭中卫生最难打扫的地方，所以空间大、采光足的厨房，可选用吸光性强的色彩，这类低明度的色彩给人以沉静之感，也较为耐脏；反之，空间狭小、采光不足的厨房，则相对适合明度和纯度较高、反光性较强的色彩，因为这类色彩具有空间扩张感，在视觉上可弥补空间小和采光不足的缺陷。

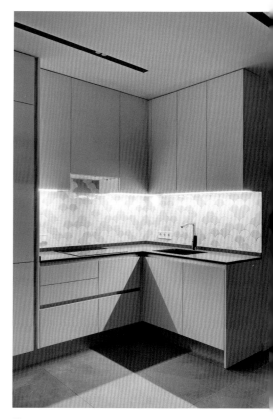

◗ 空间狭小的厨房适合选择大面积白色增加开阔感

◗ 采光充足的厨房适合选择耐脏的低明度色彩

◗ 不规则厨房空间采用对比强烈的黑白色增加个性感

◗ 采光不足的厨房适合选择反光性较强的高明度色彩

厨房是高温操作环境，选择墙面瓷砖的色彩应当以浅色和冷色调为主，例如白色、浅绿色、浅灰色等。这样的色彩会令人在高温条件下感受到春天的气息和凉意。当然，厨房的墙砖也可以选择白色和任何一种浅色进行搭配，然后按照有序的排列组合，创造个性独特的厨房。另外，厨房墙砖的颜色也可以和橱柜的颜色相匹配，看上去会显得非常整洁大气。

很多人认为像锅碗瓢盆这类的实用器物并不需要遵循一定的色彩搭配法则，其实不然，如果居住者讲究生活品质，厨房装修的风格又

统一和谐，那么合理搭配厨具用品会有锦上添花之效。注意选择厨房用品时，不宜使用反差过大、过多过杂的色彩。有时也可将厨具的边缝配以其他颜色，如奶棕色、黄色或红色，目的在于调剂色彩，特别是在厨餐合一的厨房环境中，配以一些暖色调的颜色，与洁净的冷色相配，有利于促进食欲。

🔷 利用花砖墙面搭配白色橱柜

🔷 白色是厨房墙砖最常见的色彩之一

🔷 运用厨具用品作为点缀色可以改变厨房的氛围

(4.6) 卫浴间配色

　　卫浴间的色彩是由诸如墙面、地面材料、灯光照明等融合而成，并且还要受到盥洗台、洁具、橱柜等物品色调的影响，这一切都要综合来考虑是否与整体色调相协调。

　　一般来讲为避免视觉的疲劳和空间的拥挤感，应选择以具有清洁感的冷色调为主要的卫浴间背景色，尽量避免一些缺乏透明度与纯净感的色彩。在配色时要强调统一性，过于鲜艳夺目的色彩不宜大面积使用，以减少色彩对人心理的冲击与压力。色彩的空间分布应该是下部重、上部轻，以增加空间的纵深感和稳定感。

　　白色干净而明亮，给人以舒适的感觉。对于一些空间不大的卫浴间来说，选择白色能够扩展人的视线，也能让整个环境看起来更加舒适，因此，白色往往是卫浴间的首选。但为了避免单调，可以在白色上点缀小块图案，起到装饰的效果。

🔲 上轻下重的色彩分布可保持卫浴间的稳定感

🔲 具有清洁感的冷色是卫浴间的常见色彩之一

🔲 白色干净而明亮，可以扩大小卫浴间的空间感

卫浴间中墙砖的颜色需与洁具三大件的颜色相搭配，这样才能显示出整体效果。如果洁具三大件的颜色是深色的，墙砖的颜色可以选择浅色、同类色来搭配；如果洁具三大件的颜色是浅色冷色调的颜色，那么墙砖的颜色最好选择深色或者浅色暖色调的颜色来搭配。

面积小的卫浴间最好选择浅色系的墙砖，这样可以起到扩大空间的效果，搭配深色的地砖，不会显得空间头重脚轻。中等面积的卫浴间可以大面积运用暖色调墙砖，这样的装饰效果平实自然，看着会很舒心；也可以小面积运用暖色调，再用冷色调加以搭配，会显得卫浴间富有个性。大面积卫浴间的墙砖可以选用深色系，在中间搭配上浅色系的腰线或者在底部搭配浅色的踢脚线，能让整个空间不会太沉闷。地砖也可以选择和墙面瓷砖相同的颜色，但洁具应选用浅色系，这样整体效果才会显得尊贵大气。

🔲 白色浴缸搭配深灰色墙面，显得层次分明

🔲 蓝白色彩的卫浴间带来清凉感，能让人迅速放松下来

🔲 邻近色搭配组合的卫浴间色彩

🔲 小面积的暖色调打破了卫浴间的清冷感，给这个小空间带来暖意和活力

— 第五节

商业空间配色重点

5.1 餐饮空间配色

餐饮空间一般宜采用暖色调的色彩，如橙色、黄色、红色等，既可以使人情绪稳定、引起食欲，又可以增加食物的色彩诱惑力。在味觉感受上，黄色象征秋收的五谷；红色给人鲜甜、成熟、富有营养的感觉；橙色给人香甜、略带酸的感觉。适当地运用色彩的味觉生理特性，会使餐厅设计产生温馨的氛围。如果想要创造具有独特品位的餐厅环境，可以打破常规用色，采用表现个性的色彩处理。

用餐区和包房使用纯度较低的各种淡色调，可获得一种安静、柔和、舒适的空间气氛；咖啡厅、酒吧、西餐厅等空间宜使用低明度的色彩和较暗的灯光，能给人温馨的情调和高雅的氛围；在快餐厅、小食店、美食街等餐饮空间使用纯度、明度较高的色彩，可获得一种轻松活泼、愉快自由的气氛。

🔲 西餐厅宜使用低纯度和暗色调的配色组合，营造一种高雅的氛围

🔲 橙色可刺激人的食欲，是餐饮空间经常出现的色彩

🔲 原木色和绿色等象征自然的色彩恰到好处地展现出工业风格餐饮空间的设计主题

背景色：亮白色　　　　　　　　主体色：比斯开湾蓝（青绿色）

点缀色：火红色＋帝国黄＋经典蓝

亮白色　青绿色　火红色　帝国黄　经典蓝

本案完全采用色彩的块面碰撞来营造概念餐厅的时尚感，在亮白色的背景基础上利用大面积的比斯开湾蓝来创造幽静高雅的色彩感观。点缀色由火红色、帝国黄、经典蓝三色组成，由于纯度极高的红、黄、蓝三色对比强烈且色度值高，所以营造出活力、动感的色彩氛围，与主体色主张的幽静雅致相对照，又形成很鲜明的气质对比。这种完全不利用造型堆砌，而是依托于色彩的多层次叠加碰撞来打造一个具有时尚艺术特性的个性餐厅，对于年轻一族的食客具有很大的吸引力。

背景色：浅棕色＋墨绿色　　　　　主体色：浅棕色＋银灰色

点缀色：灰橄榄绿

浅棕色　墨绿色　银灰色　灰橄榄绿

　　本案的顶面使用了大面积的墨绿色塑造出个性夸张的效果，墙面以浅棕色的木饰面来表达温润的亲和力。餐桌的木饰面与墙面统一呼应，沙发的灰橄榄绿与顶面的墨绿色色相相近，纯度却相差极大，产生上下分明的层次感。银灰色的屏风隔断融入其中，为暗灰色调的空间增添一抹明亮的色彩，整体环境明暗有度，具有强烈的高级感。

背景色：古砂色　　　　　　　　　主体色：南瓜色＋深棕色

点缀色：牛油果绿

古砂色　南瓜色　深棕色　牛油果绿

　　有着温暖灯光和温情色彩的餐饮环境容易让人在不知不觉中增加消费，橙红偏暗稍灰的南瓜色作为本案空间的主打色彩，不仅能促进食欲，也能让人感觉温暖安全。墙面的古砂色看似低沉暗哑，却有效地调和了南瓜色带来的振奋感，给人营造一种平和、慢节奏的进餐环境。牛油果绿与南瓜色之间形成鲜明的冷暖对照，为空间增添了适度的活力感，让客人在用餐时轻松而愉悦，随性而温暖。

(5.2) 酒店空间配色

色彩能够赋予空间丰富内涵，既体现了酒店风格和特色，又为人们提供了视觉享受。在酒店装饰设计时，客房的色彩搭配要尤为注意，颜色并不是越多越好，要遵循一定的原则，才能展现最佳搭配效果。

首先，酒店的色彩搭配要符合整体设计的风格，不同风格的酒店适合的颜色也各不一样。比如中式风格酒店，多采用红色、黑色、棕色等颜色，营造出古朴自然的空间印象。如果酒店位于民族风情浓厚的地方，设计时最好借鉴当地的传统文化底蕴。很多时候住客可能就是因为这种民族风慕名而来，因此设计者需要把握好这些色彩细节。

其次，酒店的色彩设计需要考虑气候、温度和酒店房间的位置、朝向。如果酒店位于比较炎热的地方，客房里的颜色就应该尽量避免使用暖色调；如果酒店处在纬度比较高的地方，房间里不宜使用冷色系来作搭配。

中式风格酒店多采用红色、黑色、棕色等营造出古朴自然的空间印象

度假型酒店的配色考量需要结合周边环境的特点与当地的人文风俗

高纯度黄色的床屏与黑白色环境形成强烈反差，表现出浓郁的现代时尚气息

背景色: 银桦色　　　　　　　　　　主体色: 珊瑚粉

点缀色: 奶油黄 + 蓝鸟色

银桦色　珊瑚粉　奶油黄　蓝鸟色

　　大面积的灰调营造出雅致、宁静的色彩氛围，甜美的珊瑚粉、爽朗的蓝鸟色以及活力的奶油黄三色碰撞，在浅灰色调的空间里碰撞出青春亮丽的色彩效果。所有色彩均为中高明度的浅亮色，给人以轻松明媚的感觉。整体利用有彩色与无彩色的搭配，打造出活力不失优雅、甜美却又有立场的空间氛围。

背景色: 米黄色　　　　　　主体色: 钢灰色 + 炭灰色 + 棕色

点缀色: 洋红 + 古金黄 + 景泰蓝

米黄色　钢灰色　炭灰色　棕色　洋红　古金黄　景泰蓝

　　打造带有异域风情的酒店客房，色彩的营造比造型更为重要。温馨舒适的米黄色墙面，温润厚实的金棕色和深棕色木饰面，以及色彩浓艳的抱枕等，恰到好处地将异域风情融入其中。本案最值得借鉴之处是将金棕和深棕两色木面有机结合，进行明度对比；将暖相的米黄色墙面与冷相的炭灰色沙发进行冷暖对照，从色彩的各个维度让尺度局促的客房显得更有层次感且不显拥挤。

背景色: 亮白色 + 薄雾灰　　　　　　主体色: 大象灰 + 帝王紫

点缀色: 金色 + 亮黄色

亮白色　薄雾灰　大象灰　帝王紫　金色　亮黄色

　　亮白色的顶面、薄雾灰的墙布以及大象灰的家具、窗帘等，三个不同明度的无彩色形成渐变式的明暗关系，层次过渡有序。高贵优雅的帝王紫与明媚亮丽的亮黄色形成补色关系，强烈的色相对比给空间增添年轻的活力，简洁的造型与活力的色彩让旅居的生活不再单调和沉闷，具有鲜活的生命力。

5.3 办公空间配色

办公空间的色彩搭配原则是不但能满足工作需要，而且要营造一个舒适的工作环境，提高工作效率。通常采用彩度低、明度高且具有安定性的色彩，用中性色、灰棕色、浅米色、白色的色彩处理比较合适。

人们对一个空间首先会有一个整体的印象，而后才是对各个细节的感觉。色彩的冷暖、性格、气氛都通过主色调来体现，所以办公室设计时首先要确定一个主色调，然后再考虑与其他色彩之间的协调关系，这也是办公室装饰考虑最多的问题。主色调要贯穿整个空间，在此基础上适当变化局部环境。如吊顶色彩、墙面色彩、地面色彩、家具色彩以及软装饰品的色彩等，都要服从一个主色调才能使整个空间呈现出互相和谐的完美整体。

办公室各个空间的用途往往决定了所要营造的效果。办公区应当显得明亮放松或温暖舒适；茶水间可以采用深暗色；过道和前台大厅只起通道作用，可大胆用色；领导办公室或与个人品位有关。

职员的工作性质也是设计色彩时需要考虑的因素。要求工作人员细心、踏实工作的办公室，如科研机构，要使用清淡的颜色；需要工作人员思维活跃，经常互相讨论的办公室，如创意策划部门，要使用明亮、鲜艳、跳跃的颜色作为点缀，刺激工作人员的想象力。

绿色系的前台空间给人以节能环保的联想，由此确定了公司的主色调

领导办公室通常由个人爱好而定，工业风与禅意风混搭的空间采用低纯度色彩搭配来实现

黑白灰色调的空间中加入高纯度的红色和果绿色家具，变得时尚而富有生气

背景色：深灰绿 + 灰棕色　　　　主体色：亮白色 + 冰川灰
点缀色：深紫红

深灰绿　　灰棕色　　亮白色　　冰川灰　　深紫红

　　在绿色的环境中办公能让人平静、理智，提升工作效率。让工作变轻松的方法是采用自然配色，深灰绿的墙面柜与灰棕色的顶面这一组合给人以轻松舒缓的自然感受。亮白色的桌子和冰川灰的沙发调和了大面积深灰绿带来的暗沉感，而少量的深紫红色则恰到好处地点缀了冷调的空间，增添几分时尚感。

背景色：亮白色 + 水泥灰　　　　主体色：亮白色 + 水泥灰
点缀色：橙色 + 黄色 + 绿色 + 蓝色

亮白色　　水泥灰　　橙色　　黄色　　绿色　　蓝色

　　亮白色和水泥灰是本案空间的主要色彩，由绝大部分无彩色构成的空间在视觉上显得简洁、直白，没有任何累赘，但长时间在这样的空间中工作容易产生疲劳的情绪，于是将顶面裸露的管线刷成渐变的"彩虹色"是一个十分新颖的做法，不仅增添了动感和活力，并且运用了色相渐变的搭配手法调和了因为多色并存而造成的强烈刺激感，满足了办公空间简洁、高效、活力的色彩需求。

背景色：亮白色　　　　　　　　主体色：景泰蓝（青色）
点缀色：庞贝红 + 活力橙 + 牛油果绿 + 帝王黄

亮白色　　景泰蓝　　庞贝红　　活力橙　　牛油果绿　　帝王黄

　　纯粹的景泰蓝与亮白色的环境色相互作用，让空间看起来更加洁净利落，给软装的多色搭配奠定了非常好的基础。庞贝红、活力橙、牛油果绿、帝王黄等多种点缀色纯度和明度十分接近并且用量控制得当，因此整个空间并没有因为色彩众多而显得纷乱。这种活力型的配色方法就是在明度和纯度统一的情况下选择多种色相进行搭配，非常适用在创意型的办公空间中，能从色彩感觉上刺激人的感官，促进想象力的发挥。

售楼处空间配色

　　售楼处的色彩搭配一定要符合整体格调，不同的设计风格适合用不一样的色彩进行渲染。因为房产住宅本身的价值不菲，起到展示功能的售楼处应让人体验到高端大气的感觉，所以售楼处的色彩设计重点就是营造高档品质的氛围，或奢华，或典雅，或现代。

　　售楼处不宜选择过多或过于艳丽的色彩，特别是大红大绿的搭配容易给人不够庄重的感觉，显得多活泼而少稳重，不适合营造尊贵感与舒适感。

🔳 充满度假风情的大空间运用统一色相的色彩搭配，能带来稳定舒适的视觉感受

🔳 新中式风格售楼处以中性色配色为主，营造禅意氛围

🔳 红色与金色的搭配表现出空间优雅高贵的气质

背景色： 浅灰褐色　　　　　　　　　**主体色：** 米灰色＋橙黄色

点缀色： 海港蓝

浅灰褐色　米灰色　橙黄色　海港蓝

　　墙、地面石材的浅灰褐色让售楼部的环境呈现出雅致的气质，米灰色的沙发和橙黄色的休闲椅形成强烈的色度值对比，橙黄色提亮浅灰调空间的雾浊感，而米灰色又调和了橙黄色带来的喧嚣的色彩印象，两者相互作用，让空间看起来高雅清新。地毯的海港蓝点缀其中，与橙黄色之间形成强烈的冷暖对照，创造活力的氛围。对于售楼部来说，色彩的定位是根据楼盘的目标消费者的特征而定，不难看出，这个售楼部针对的主流客群是30—35岁的精英群体。

背景色： 亮白色＋深棕色　　　　　　　**主体色：** 米灰色＋驼色

点缀色： 棕红色

亮白色　深棕色　米灰色　驼色　棕红色

　　本案采用了Tone in Tone的色彩搭配方法，也就是说采用了同一色相但色彩的明度差非常大，纯度也不一致。深棕色、深灰褐色、驼色、米灰色皆为色度值极低的黄色相，但明度与纯度都不同。利用色相的统一营造和谐感，利用明度差和纯度差创造冲突感，这种配色方法能给人一种稳重的变化感，空间显得稳重、大气，符合楼盘对目标客群的定位。抱枕上少许的棕红色是整个空间中唯一有色相差异的点缀色，让沉稳的色彩氛围增添了几分变化。

背景色： 栗色＋烟灰色　　　　　　　　　**主体色：** 米灰色

点缀色： 赭橙色

栗色　烟灰色　米灰色　赭橙色

　　沉稳的栗色和优雅的烟灰色构成了一个高级稳重的色彩环境，有着绅士一般挺拔的气质。轻浅的米灰色沙发从这种稳重的气质中跳脱出来，显得轻盈柔软，再加上赭橙色的点缀，又增添一些年轻的活力。因此，整个空间的色彩层次非常鲜明，首先采用栗色和烟灰色、米灰色的强烈明度对比，来突出主体色与背景色之间的层次，再通过高色度值的赭橙色与低色度值的米灰色之间的强烈纯度对比，来突出点缀色与主体色之间的层次。

5.5 咖啡馆空间配色

在咖啡馆的设计中，可利用色彩的原理，起到营造氛围的作用，制造吸引顾客的效果。各个咖啡厅定位不同，使用的色彩也不同。

定位商务人士的咖啡馆色彩应该表现出高雅格调，所以一般会选用冷色系列，使人感到宁静，可加入少量中性系列的色彩做调和作用，例如选用绿色、蓝色、紫色等。

休闲型咖啡馆的顾客是在附近上班的白领或者社区居民，着重打造一个适合休憩、阅读、会客的环境。这类咖啡馆的色彩感觉应是安静且略带活泼，例如同样使用绿色跟蓝色，营造安静舒适的大氛围，然后再使用一些浅色系列的高明度色彩如米黄色和淡黄色等，活跃气氛。

复合型的咖啡馆给人充满艺术气息的感觉，吸引的是艺术家或者追求个性的时尚人士，这类人群对色彩敏感度较高，所以在色彩选择上要更有艺术性和创造性，无论是色彩的明度还是纯度上都要达到赏心悦目的效果。

商务型咖啡馆通常选择冷色系的配色，表现出高雅格调

复合型咖啡馆的配色营造出浓郁的艺术氛围

休闲型咖啡馆的配色重点在于表现出一种让人放松的惬意感

背景色：玉米黄　　　主体色：墨绿色

点缀色：水晶粉

玉米黄　墨绿色　水晶粉

咖啡店通常分为两类，一类是快节奏消费，一类是慢时光品尝，一般从咖啡店的配色上就能看出是属于哪一种类型的咖啡店。本案采用了色度值极高的玉米黄、墨绿色、水晶粉进行搭配，三者均具有很高的辨识度，比如说高纯度中明度的玉米黄给人以活力的运动感，高纯度低明度的墨绿色给人以沉稳的严肃感，而高纯度高明度的水晶粉给人以甜美娇媚的感觉。这种不同色调不同色相的色彩搭配产生强烈的视觉刺激，能在短时间内吸引人的注目，长时间相处却容易产生视觉疲劳，能引导快节奏的消费却不容易让客人长时间停留，刚好符合快消型咖啡店的定位。

背景色：水泥灰＋炭黑色　　　　主体色：水泥灰＋灰栗色

点缀色：帝国黄＋潜水蓝＋橘红色

水泥灰　碳黑色　灰栗色　帝国黄　潜水蓝　橘红色

背景色：水泥灰＋炭黑色　　　　主体色：灰蔷薇粉

点缀色：米黄色

水泥灰　炭灰色　灰蔷薇粉　米黄色

大面积的水泥灰和炭黑色给人一种一成不变的沉寂感，而帝国黄、潜水蓝和橘红色等点缀色的加入，便打破了这种沉寂。一半安详一半飞扬，碰撞出时尚炫酷的色彩感受，让人安静下来品尝咖啡的同时又感受到摩登和时尚的氛围。很显然，这种时尚配色的咖啡馆主流客群定位在年轻一族，约三五好友一起畅谈，关注的是环境和话题的新鲜感，并不在于咖啡本身。

粉色与灰色是一组十分时尚的组合。大量的水泥灰与炭灰色构成了空间的背景环境，虽然同为灰色，但一深一浅的明度差让灰浊的空间层次分明。偏灰的蔷薇粉保留了粉色系的娇媚和温柔，本是一个给人以柔弱视觉印象的色彩，但在灰调的环境中变得强力而坚定。这间咖啡店在克制用色的同时，将炭灰色的灰暗刚毅与蔷薇粉的明媚温柔进行对照，创造出摩登与时尚的色彩感受。

Color

Furnishing Design

软装配色教程

从 入 门 到 精 通

经典配色印象的表现与应用

— 第四章 —

COLOR

FURNISHING DESIGN

华丽感的配色印象

华丽感的配色灵感参考图

1.1 搭配要点

色彩的华丽与朴素感与色相关系最大，其次是纯度与明度。金色与银色是金碧辉煌、富丽堂皇的宫殿色彩，是古代帝王的专用色，让人联想到龙袍、龙椅等；在传统的节日里，喜庆的红色表现出浓郁的华丽气息；西方人对紫色、深蓝色情有独钟，认为这两种色彩是高贵、富裕的象征。

在现代软装设计中，表现华丽印象的配色通常选择暖色系的色彩为中心，局部展现冷色系色彩，通过鲜艳明亮的色调尽可能扩大色相范围。作为主色的暖色应以接近纯色的浓重色调为主，如金色、红色、橙色、紫色、紫红等，这些色彩的浓、暗色调具有奢华且富有品质的感觉。

↓ **色调位置：强、深、浊、暗**

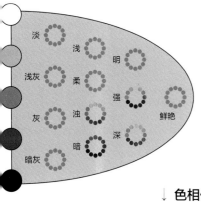

↓ **色相位置：暖、中**

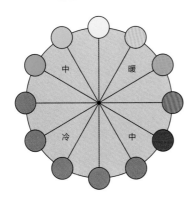

1.2 常用色值

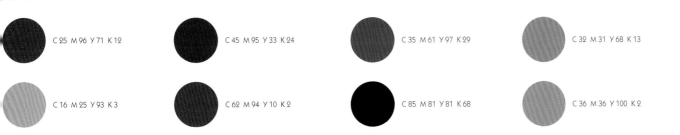

C 25 M 96 Y 71 K 12

C 45 M 95 Y 33 K 24

C 35 M 61 Y 97 K 29

C 32 M 31 Y 68 K 13

C 16 M 25 Y 93 K 3

C 62 M 94 Y 10 K 2

C 85 M 81 Y 81 K 68

C 36 M 36 Y 100 K 2

1.3 配色实例

📝 空间色彩运用解析

背景色 & 主体色：宝石蓝 + 褐色 + 古铜色 + 白色

点缀色：金黄色

宝石蓝　　褐色　　古铜色　　白色　　金黄色

    波浪纹软包装饰与床头背景结合，增加了床头的奢华质感，其金色的波浪曲线，在灯光的映衬下熠熠生辉，充满了视觉冲击，而蓝色的软包床头，则有效地压制了奢华背景带来的刺激感，并且为室内空间增添了几分亮丽的色彩。金色不锈钢材质框架的床头柜线条硬朗，透露着现代材质的时尚与高端气息。白色皮革包覆的抽屉与底板镶嵌其中，增加了床头柜的体积感，同时具有现代风格的飘浮感。

📝 空间色彩运用解析

背景色：杏仁色 + 亮白色　　　　　主体色：太妃糖色

点缀色：火红色 + 紫红色

杏仁色　　太妃糖色　　深紫红色　　艳紫红

    温暖舒适的杏仁色墙面搭配太妃糖色的软体家具，给人一种如牛奶巧克力般香甜郁馥的色彩感觉。由于杏仁色和太妃糖色的色相和明度都十分相似，因此看起来十分和谐统一，但又因两者的纯度有着微弱的差异而产生一种暧昧的层次感。高纯度、中低明度的深暖色最适合用于塑造华丽的色彩印象，如本案深紫色的床幔、艳紫红的腰枕以及火红色的抱枕等，从色彩上带来浓郁、热闹、香艳的色彩印象，再加上亮泽的丝绒面料，让色彩的质感更加的贵气华丽。

第二节 —

高贵感的配色印象

🔷 高贵感的配色灵感参考图

2.1 搭配要点

在所有的色彩中，紫色象征神秘高贵，金色象征王权奢侈高贵，白色象征纯洁神圣高贵，冰蓝色象征冷艳高贵。

除了金色之外，一般室内装饰采用紫色为基调最能表达出高贵印象，紫色在古代是权贵之色，因为当时紫色染料提取非常不易，是古罗马时期皇室和主教的专属色；在基督教中，紫色代表至高无上的地位和来自圣灵的力量；在中国古代，紫色的珠宝和衣服都是富贵人家才会拥有的。

紫色加入少量的白色在视觉上清新而有活力，显得十分优美；紫色搭配金色显得奢侈华美，黑色与紫色作为神秘二色组，也是最常见的紫色搭配，黑色能够凸显紫色的冷艳感。

↓ **色调位置：强、深、鲜艳、暗**

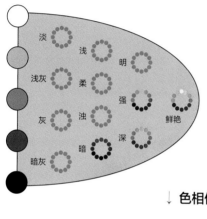

↓ **色相位置：暖、中**

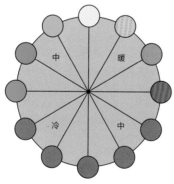

© 鲲誉设计

2.2 常用色值

C 74 M 100 Y 21 K 0   C 50 M 80 Y 0 K 0   C 35 M 48 Y 5 K 0   C 0 M 28 Y 85 K 30

C 45 M 100 Y 30 K 0   C 63 M 56 Y 0 K 0   C 56 M 59 Y 99 K 10   C 17 M 98 Y 55 K 0

2.3 配色实例

空间色彩运用解析

背景色：米灰色 + 奶白色　　　　主体色：金棕色 + 奶茶色

点缀色：古典绿 + 金色

| 米灰色 | 奶白色 | 金棕色 | 奶茶色 | 古典绿 | 金色 |

　　米灰色墙纸与奶白色的护墙板搭配出温暖轻快的浅暖色调，让人感觉舒适优雅。金棕色的木制家具显得隆重而温润，传导出一种典雅的气息。餐椅软包的米灰色和窗帘的奶茶色最能凸显高级优雅的格调，配以少量的古典绿和金色营造高雅贵气的名媛气质。家具的雕花鎏金工艺为雅致的空间增添了些许华美的气息。

空间色彩运用解析

背景色：卡其灰 + 奶白色　　　　主体色：银灰色 + 蓝紫色

点缀色：金色

| 卡其灰 | 奶白色 | 银灰色 | 蓝紫色 | 金色 |

　　奶白色与卡其灰营造出优雅舒适的色彩环境，银灰色的床品、地毯等创造出高级、清冷的空间气质。蓝紫色既具有紫色的神秘高贵气质，又有蓝色的沉稳睿智的性格，更显得高贵典雅。金黄色的点缀是本案最为精彩之处，黄色系与紫色系互为补色关系，创造了强烈的视觉冲击力和空间活力，让由银灰色与蓝紫色搭配而创造的"高冷贵人"有了温暖的笑颜。

第三节
都市感的配色印象

都市感的配色灵感参考图

都市印象中常见的配色，往往都是能够使人联想到商务人士的西装、钢筋水泥的建筑群等的色彩。通常以灰色、黑色等与低纯度的冷色搭配，明度、纯度较低，色调以弱、涩为主。

蓝色系搭配能够展现城市的现代感，灰蓝色具有典型的男性气质；灰色是经常出现在都市环境中的色彩，比如写字楼的外观、电梯、办公桌椅等；在冷色系配色中添加茶色系色彩，给人以时尚、理性的感觉；黑色与白色表现出了两个极端的亮度，而这两种颜色的搭配使用通常可以表现出都市化的感觉。

↓ **色调位置：灰、柔**　　　↓ **色相位置：冷**

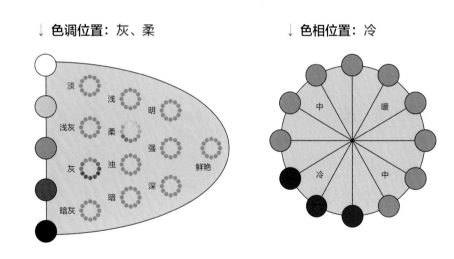

C 72 M 51 Y 17 K 0

C 81 M 39 Y 23 K 0

C 60 M 46 Y 42 K 0

C 16 M 12 Y 12 K 0

C 100 M 85 Y 43 K 7

C 59 M 65 Y 71 K 15

C 50 M 40 Y 30 K 0

C 96 M 93 Y 78 K 72

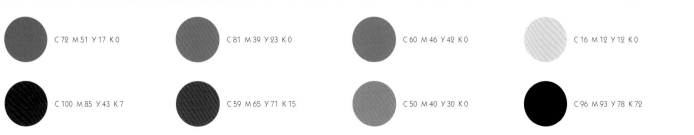

3.3 配色实例

📝 空间色彩运用解析

背景色：蒸汽灰 + 钢灰色　　　　　　　　主体色：深灰蓝

点缀色：深灰绿

蒸汽灰　　钢灰色　　深灰蓝　　深灰绿

　　浅亮的蒸汽灰较之亮白色更具有一种精致的优雅感，与钢灰色的搭配营造出冷静、高效的感觉。弱对比的冷色搭配能创造出一种快节奏的都市感。深灰蓝的沙发与深灰绿的地毯、饰品从色相关系上来说，便是属于弱对比的中差色相配色，又因为两者的纯度较低，均属于色调值极低的暗浊色调，结合灰调的背景色，给人一种十分高级、干练的感觉。

📝 空间色彩运用解析

背景色：米灰色　　　　　　　　　主体色：奶茶色 + 灰褐色

点缀色：祖母绿

米灰色　　奶茶色　　灰褐色　　祖母绿

　　营造高级、干练的都市印象，一是利用灰色调打造冷静、智慧的色彩感觉，二是采用冷色调来表达爽朗、高效的快节奏感。本案大量使用了米灰色、奶茶色、灰褐色等色调值极低的暖灰色调，给人一种优雅、智慧的高级感。祖母绿的点缀从大量的灰色调中跳脱出来，让整个空间色彩明了而富有节奏感。

第四节 —

自然感的配色印象 -

自然感的配色灵感参考图

搭配要点

简单纯粹自然生活，成为越来越多都市人的心之所向。在软装设计时可将大自然配色创意运用到家居装饰中，营造自然空间氛围，享受舒适的居家时光。自然印象主体的配色是从自然景观中提炼出来的配色体系，具有很强的包容感，例如大地、原野、树木、花草等色彩给人温和、朴素的印象，色相以浊色调的棕色、绿色、黄色为主，明度中等、纯度较低。

树木的绿色和大地的棕色是取自自然中广泛存在的色彩，两者搭配体现质朴的感觉；褐色加棕色，使人联想到成熟的果实和收获的景象；棕木色系是打造乡村风格居室常用的色彩，加一点做旧感的话，立刻散发出森林木居的气息；纯度稍低的绿色和红色，这两种互补色的搭配，构成了一幅真实自然界的画面；从深茶色到浅褐色的茶色系色彩，通过丰富的色调变化，能传达出让人放松的自然气息，在美式乡村风格中应用广泛。

↓ **色调位置：柔、浊**

淡　浅　明
浅灰　柔　强
灰　浊　深
暗灰　暗　深　鲜艳

↓ **色相位置：冷、中**

中　暖
冷　中

常用色值

C 75 M 100 Y 21 K 0

C 50 M 80 Y 0 K 0

C 35 M 48 Y 5 K 0

C 0 M 28 Y 85 K 30

C 45 M 100 Y 30 K 0

C 63 M 56 Y 0 K 0

C 56 M 59 Y 99 K 10

C 17 M 98 Y 55 K 0

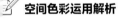 空间色彩运用解析

背景色： 湖水绿 + 亮白色　　　　　　　**主体色：** 银灰色 + 浅棕色

点缀色： 橘红色

湖水绿　亮白色　银灰色　浅棕色　橘红色

　　大自然是最好的色彩搭配师，任何一种自然景象都是一组美好的配色。本案背景墙深幽、纯粹的湖水绿与床尾毯热情亮丽的橘红色形成一组补色关系，如倒映着火红秋叶的湖面般引人注目，而银灰色的帘幔如薄暮般缥缈轻柔，浅棕色的家具又带来大地般的包容与稳定感。整个空间的色彩给人一种自然态的心理感受，让人感觉亲近靠谱。

空间色彩运用解析

背景色： 米灰色 + 岩石灰　　　　　　　**主体色：** 深棕色

点缀色： 深红色 + 芽绿色

米灰色　岩石灰　深棕色　深红色　芽绿色

　　米灰色的顶面、岩石灰的背景墙、深棕色的家具均属于大地色系的色彩，虽然色调值低，识别度不高，但是因为三者之间的明度差极大，形成很强烈的对比，因此空间并没有因为色相单一而产生乏味的单调感，反而因为明度的变化而富有层次感。来自于自然界的红花绿叶的颜色点缀在大地色系的空间里，显得自然和谐，给人一种自由、放松的感觉。

— 第五节

清新感的配色印象

🔹 清新感的配色灵感参考图

5.1 搭配要点

对于生活在都市中的现代人来说，清新印象的配色如清风拂面，让人舒适轻松。色彩中清新效果最强的是具有透明感的明亮冷色，以淡、苍白和白色为主的色调区域，传达轻柔清新的印象。色彩对比度低，整体画面呈现明亮的色调，是清新配色的基本要求。

明度很高的绿色和蓝色搭配在一起可以给人清凉和舒适感。加入黄绿色，给人温暖而又充满新生力量的感受；加入蓝色与白色，则能进一步强调新鲜感，给人海天一色的清爽意境，常见于地中海风格。

↓ **色调位置：淡、浅灰、浅**

淡 浅 浅灰 明 柔 强 灰 浊 暗 鲜艳 深 暗灰

↓ **色相位置：冷、中**

中 暖 冷 中

5.2 常用色值

C 0 M 10 Y 25 K 0	C 0 M 0 Y 0 K 0
C 25 M 7 Y 0 K 0	C 67 M 0 Y 9 K 0
C 42 M 1 Y 5 K 0	C 10 M 0 Y 30 K 0
C 38 M 2 Y 72 K 0	C 55 M 17 Y 80 K 0

(5.3) 配色实例

📝 空间色彩运用解析

背景色：亮白色　　　　　　　　主体色：挪威蓝

点缀色：庞贝红

亮白色　　挪威蓝　　庞贝红

　　"挪威蓝"来源于阳光下的波罗的海，清新、亮丽、纯粹，给人以清风拂面的舒畅感觉。挪威蓝的橱柜与亮白色的背景搭配，在亮白色的影响下，挪威蓝显得更加的清澈和纯粹，而地毯上的热烈的庞贝红恰到好处地给安静清爽的空间增添了一抹活力的情愫。本案色彩比例的分配十分出色，背景的亮白色，主体的挪威蓝色与点缀色庞贝红，遵循了 70：25：5 的色彩比例黄金法则，因此整个空间看起来色彩构建清晰、空间层次鲜明，清新的色彩印象表达非常明了。

📝 空间色彩运用解析

背景色：亮白色　　　　　　　　主体色：浅灰蓝

点缀色：深灰色 + 活力橙

亮白色　　浅灰蓝　　深灰色　　活力橙

　　亮白色搭配浅冷色最能表达清新的色彩印象，轻浅的冷色能带来新鲜、清爽的感觉，与白色的搭配使人感觉到轻松和纯净。本案用大面积的亮白色作为背景色，局部使用了淡淡色调的浅灰蓝色，营造出清新的色彩印象，而少量的深灰色为轻浅的空间环境增加了明暗层次，橙色的点缀带来了年轻的活力感，调和了因大量浅冷色调的运用而显得过于安静的空间感觉。

浪漫感的配色印象

🔖 浪漫感的配色灵感参考图

能够营造浪漫氛围的色彩，大都以彩度很低的粉紫色为主，如淡粉色、淡薰衣草色。随着涂料配色工艺的发展，越来越多的浪漫色彩被创造出来，如艺术气质很浓的紫色、妩媚的桃粉色等。

明亮的紫红和紫色给人以轻柔浪漫的感觉，加入淡粉色呈现出甜美的梦境；加入蓝绿、蓝等色系，会有童话世界般的感觉。粉红、淡紫和桃红会让人觉得柔和、典雅，其中粉红色通常是浪漫主义和女性气质的代名词，它常与少女服装、甜蜜糖果和化妆品等紧密联系，展示出一种梦幻感。

↓ **色调位置：淡、浅、柔、明亮**

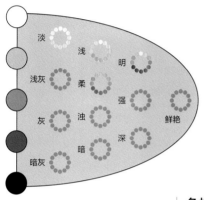

↓ **色相位置：冷、中、暖**

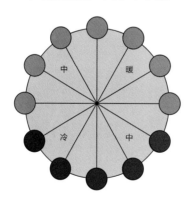

C 3 M 25 Y 3 K 0

C 3 M 12 Y 25 K 0

C 5 M 20 Y 0 K 0

C 10 M 5 Y 2 K 0

C 20 M 1 Y 2 K 0

C 3 M 40 Y 33 K 0

C 3 M 16 Y 15 K 0

C 47 M 100 Y 60 K 6

6.3 配色实例

空间色彩运用解析

背景色：丁香灰   主体色：水晶粉 + 薄荷绿 + 挪威蓝

点缀色：橘红色

丁香灰   水晶粉   薄荷绿   挪威蓝   橘红色

浪漫的配色最注重的是产生轻松与愉悦的心理感受，本案采用了微紫的丁香灰作为背景色，给人一种朦胧迷离的美感，椅子的色彩由代表着柔弱的水晶粉、新鲜的薄荷绿和清爽的挪威蓝组成，三色均属于轻快的浅淡色调，给人以轻松、舒畅的心理感觉，又因其具有冷暖对照而产生愉快的动感。艳丽的橘红色点缀其中，为原本温和的空间色彩增添了个性与活力。

空间色彩运用解析

背景色：亮白色 + 水晶粉   主体色：奶茶色

点缀色：火烈鸟粉

亮白色   水晶粉   奶茶色   火烈鸟粉

从上世纪70年代开始，粉红色成为全球公认的最能表达浪漫情调的色彩，也是最能代表甜美温柔的年轻女性形象的色彩。本案采用了大量的水晶粉作为空间的背景色，直白地表达了空间的情感诉求。主体家具的奶茶色给人一种温和柔软的亲近感，与水晶粉搭配产生甜蜜、温软、愉悦的心理感受。火烈鸟粉较之水晶粉更深更艳一些，两者的搭配形成同色系的明度和纯度对照，使得同为粉色的空间里深浅层次分明。

- 第七节

复古感的配色印象

🔷 复古感的配色灵感参考图

搭配要点

在复古风潮愈加风靡的今天，以怀旧物件和古朴装饰为主要布置方式的复古风也悄然流行于室内软装设计。复古风格家居巧妙利用色彩与配饰的交相呼应，呈现出具有时间积淀感的怀旧韵味，让人百看不厌。复古色不是单指一种颜色，而是指一个色调，看起来比较怀旧，比较古朴。

复古印象主体的配色常以暗浊的暖色调为主，明度和纯度都比较低。很多颜色都可以表现出复古的味道，如褐色、白色、米色、黄色、橙色、茶色、木纹色等。其中褐色是最具代表性的一种色彩，褐色与橙黄色搭配给人以含蓄的怀旧印象，褐色与深绿色搭配，容易产生时光一去不复返的共鸣。

↓ **色调位置：灰、浊、暗、深**

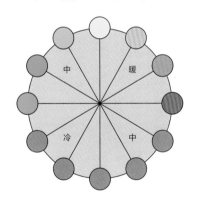

↓ **色相位置：暖、中**

常用色值

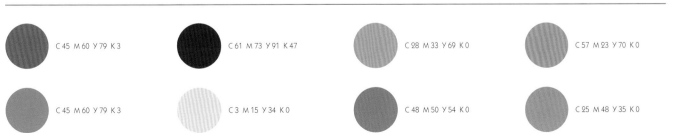

C 45 M 60 Y 79 K 3

C 61 M 73 Y 91 K 47

C 28 M 33 Y 69 K 0

C 57 M 23 Y 70 K 0

C 45 M 60 Y 79 K 3

C 3 M 15 Y 34 K 0

C 48 M 50 Y 54 K 0

C 25 M 48 Y 35 K 0

(7.3) 配色实例

✏️ 空间色彩运用解析

背景色：栗色 + 米灰色 + 灰褐色   主体色：棕色 + 白色
点缀色：金棕色

栗色　　米灰色　　灰褐色　　棕色　　白色　　金棕色

　　由米灰色的涂料和灰褐色、栗色组成的壁纸共同构成了空间的背景色，三色之间色相相近，而明度相差甚远，因此从背景色上便构成了丰富的层次感。软装上选择了白色的床品进行搭配，避免因丰富的背景层次而对主体产生花哨的影响。

　　复古的色彩印象追求的是对旧时光的回忆，可采用单一色相或者相近色相、中低明度和中低纯度的色彩来营造"褪色的、泛黄的老旧照片"的感觉，而绝非以多色相搭配或采用高纯度的色彩来营造喧嚣、强力的色彩感。

✏️ 空间色彩运用解析

背景色：水泥灰   主体色：灰褐色
点缀色：苔藓绿 + 赭橙色

水泥灰　　灰褐色　　苔藓绿　　赭橙色

　　水泥灰的墙、顶、地带来一种原始的视觉印象，灰褐色的木制品传达出斑驳的年代感。苔藓绿给人以陈旧的感觉，而赭橙色也表达着经典的复古印象。

　　复古印象的色彩表达通常采用色调值低的灰色系、大地色系作为背景色，运用中低明度、中低纯度的有彩色（也称为莫兰迪色）来表达对陈年典藏的回味和时光流逝的追忆。

第八节 —

传统感的配色印象

🔶 传统感的配色灵感参考图

8.1 搭配要点

传统印象的室内空间具有历史感和怀旧感，给人十分高档的感觉，配色以暗浊的暖色调为主，明度和纯度都很低，明暗对比较弱。褐色、茶色、绛红、焦糖色、咖啡色、巧克力色等是表现传统印象的主要色彩。

明度较低的褐色与黑色搭配显得成熟而稳重；褐色搭配深绿色给人庄重严肃的印象；茶色与褐色的搭配具有浓郁的怀旧情调；深咖色具有十分坚实的感觉，大面积运用给人一种沧桑厚重的时代回望感，是传达传统印象的常见选择之一。

↓ 色调位置：灰、暗灰、浊、暗　　　　↓ 色相位置：暖、中

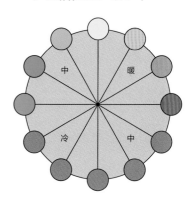

8.2 常用色值

C 42 M 65 Y 96 K 55

C 70 M 45 Y 100 K 43

C 27 M 25 Y 46 K 8

C 45 M 95 Y 33 K 23

C 35 M 61 Y 97 K 29

C 95 M 76 Y 32 K 23

C 25 M 43 Y 61 K 0

C 48 M 35 Y 40 K 20

8.3 配色实例

空间色彩运用解析

背景色：灰泥色　　　　主体色：棕红色 + 深灰褐色
点缀色：古典绿

灰泥色　　棕红色　　深灰褐色　　古典绿

　　不同的装饰风格具有不同的色彩特点，这源于不同的地域环境和不同的人文习俗长年累月形成的固有色彩印象。本案墙面的灰泥色源于欧洲民族对古建筑的主要材料——岩石的认识，而木制品呈现的棕红色正是欧洲盛产的桃花芯木的颜色，挂镜与装饰物的金色在欧洲传统中代表着不可撼动的贵族地位。整个空间色彩的营造奢华稳重，是对传统的欧洲贵族文化的传承与再现。

空间色彩运用解析

背景色：薄雾灰　　　　主体色：米褐色 + 深棕色
点缀色：中国红

薄雾灰　　米褐色　　深棕色　　中国红

　　中国传统色彩来源于人们对自然造物的敬畏，薄雾灰的墙面色彩起源于最原始的涂料——石灰，米褐色的软体家具色彩源于人们对传统的纺织品——麻布的认识，深棕色是中国古代常用的硬质木材的颜色，而取自于朱砂的红色则成为最有代表性的"中国色"。本案将这几种具有传统意义的色彩进行组合，营造古朴而庄重的中式传统印象。

@元禾大千

第九节

活力感的配色印象

活力感的配色灵感参考图

174

搭配要点

活力印象的家居空间给人热情奔放、开放活泼的感觉，是年轻一代居住者的最爱。配色上通常以鲜艳的暖色为主，色彩明度和纯度较高，如果再搭配上对比色的组合，极富视觉冲击感。

鲜艳的黄色给人阳光照射大地的感觉，即使少量使用，也可作为点缀色给空间增添一种活泼和积极向上的感觉；混合了热情红色和阳光黄色的橙色，是被认为最有活力的颜色，与红色搭配可以展现运动的热情和喧闹，与少量的蓝色搭配形成对比，特别能凸显出配色的张力。

↓ **色调位置：明亮、鲜艳** ↓ **色相位置：暖、中**

淡　浅　明
浅灰　柔　浊　强
灰　　　鲜艳
暗灰　暗　深

中　暖
冷　中

9.2 **常用色值**

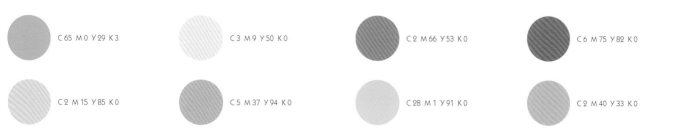

| C 65 M 0 Y 29 K 3 | C 3 M 9 Y 50 K 0 | C 2 M 66 Y 53 K 0 | C 6 M 75 Y 82 K 0 |
| C 2 M 15 Y 85 K 0 | C 5 M 37 Y 94 K 0 | C 28 M 1 Y 91 K 0 | C 2 M 40 Y 33 K 0 |

9.3 配色实例

空间色彩运用解析

背景色：亮白色　　　　　　　　**主体色：挪威蓝**

点缀色：艳粉红 + 亮黄色

亮白色　　挪威蓝　　艳粉红　　亮黄色

　　采用高纯度的有彩色进行冷暖对比最能营造出充满活力的色彩印象。高纯度的色彩本身具有强力、鲜明的个性，加上强烈的色相对比便能产生令人兴奋的色彩效果。本案采用了挪威蓝、艳粉红、亮黄色三色对比，实则是群青、品红、柠檬黄三原色的对比。三原色的对比关系互为对比色相，也构成了"三角配色"的关系，因此产生了强烈的视觉冲击力，刺激人的感官，令人兴奋，产生活力印象。

空间色彩运用解析

背景色：孔雀蓝　　　　　**主体色：烟灰色 + 古金黄**

点缀色：深灰蓝

孔雀蓝　　烟灰色　　古金黄　　深灰蓝

　　孔雀蓝的色彩表现为蓝色偏绿稍暗，安静内敛，让人产生高贵、典雅的色彩印象；古金黄是一种活力、张扬的色彩，让人产生兴奋、好动的色彩印象，两种截然不同的色彩性格搭配在一起，便碰撞出另类的、摩登的色彩印象。本案正是利用这种色彩性格的差异创造了时尚的色彩印象，再采用分离配色的原理，用烟灰色对孔雀蓝和古金黄的强烈对比进行调和，让人产生具有个性但视觉舒适的色彩印象。

第十节 一

时尚感的配色印象

时尚感的配色灵感参考图

10.1 搭配要点

比简约更加凸显自我，张扬个性的现代时尚风格已经成为追求艺术的居住者在家居设计中的首选。

前卫的意向给人时尚、动感、流行的感受，所使用的色彩饱和度较高，通常适合用对比较强的配色来实现，例如黑色与白色的对比，红色与蓝色、绿色的互补配色更能表现张力。

大量的明黄色可以表现活泼动感的印象；银灰色系是表现金属质感的主要色彩之一，因而要表达现代都市的时尚感，可以适当使用，甚至大面积使用，但是要注重图案和质感的构造；黑白色系简洁大方，能够制造出前卫惊艳的视觉效果，同时也是经典的、永不过时的潮流元素之一。

↓ 色调位置：强烈、鲜艳

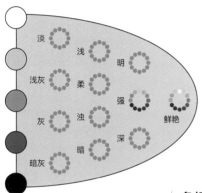

↓ 色相位置：暖、中

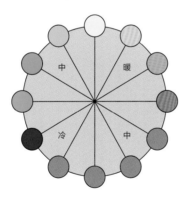

10.2 常用色值

C 7 M 70 Y 91 K 0

C 13 M 96 Y 16 K 0

C 23 M 6 Y 88 K 0

C 35 M 27 Y 25 K 0

C 0 M 0 Y 100 K 0

C 100 M 0 Y 0 K 0

C 1 M 43 Y 6 K 0

C 0 M 45 Y 45 K 0

✎ 空间色彩运用解析

背景色：银灰色 + 丁香灰

主体色：素灰色 + 纯黑色　　　　　点缀色：皇家蓝

银灰色　丁香灰　素灰色　纯黑色　皇家蓝

　　银灰色的背景与素灰色的床品、窗帘形成明暗的弱对比，和谐而有层次感。灰色与黑色构成了整个空间的主要色彩印象，单一、冷静且内敛。皇家蓝的加入，让由无彩色构成的原本没有明显性格特征的色彩氛围变得个性鲜明。纯度值极高的皇家蓝与无纯度值的灰、黑两色形成强烈的纯度对比，这种极端的差异让人感觉到"不符合常规"，产生个性十足、摩登时尚的视觉印象。

✎ 空间色彩运用解析

背景色：钢灰色　　　　主体色：黑色 + 白色 + 炭灰色

点缀色：火红色 + 亮黄色

钢灰色　黑色　白色　炭灰色　火红色　亮黄色

　　将无彩色与有彩色进行搭配是塑造时尚色彩印象最常用的手法。本案在大面积的暗灰色中点缀以艳丽的红色和黄色，创造一种个性、前卫的视觉张力。暗灰色给人以孤寂、沉静的视觉印象，而火红色的热情和亮黄色的活力与这种沉静气质形成了鲜明的对比，碰撞出强烈的视觉冲击力，产生一种不同寻常的视觉感受，带来另类的、时尚的色彩印象。

Color
Furnishing Design

软装配色教程
从入门到精通

5

COLOR

FURNISHING DESIGN

第五章

常见软装风格配色方案

第一节
新中式风格配色方案

1.1 风格配色要点

传统中式风格空间的主色调常用深棕色与原木色作为搭配，随着时代的发展，新中式空间的色彩搭配也愈发丰富。除了原木色、红色、黑色等传统色调外，也常见其他颜色的参与。如浓艳的红色、绿色，还有水墨画般的淡色，甚至还可以搭配浓淡相间的中间色，这些色彩都能恰到好处地起到调和作用。

东方美学无论是在书画上还是在诗歌上，都十分讲究留白，常以一切尽在不言中的艺术装饰手法，引发对空间的美感想象。在新中式风格中运用白色，是展现优雅内敛与自在随性格调的最好方式，而且白色调的运用是新中式风格在色彩搭配上最大的突破。

想要打造一个禅意的新中式空间，可合理搭配一些低明度的色彩，营造出深邃并富有禅意的氛围。由色彩渐变形成的明暗过渡，能够形成一种曲径通幽的视觉感，呈现出颇为雅致的禅意之美。

如果在新中式空间中搭配具有轻奢气质的色彩，比如一些恰到好处的中性色及金属色系，不仅能为家居环境带来轻奢时尚的装饰效果，而且犹如一件经典的艺术品般历久弥新。

● 常见配色方案

  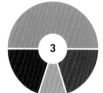  

1	2	3	4	5	6
C 43 M 49 Y 51 K 0	C 62 M 82 Y 87 K 52	C 35 M 37 Y 36 K 0	C 49 M 95 Y 100 K 25	C 45 M 55 Y 75 K 0	C 42 M 43 Y 45 K 0
C 80 M 83 Y 83 K 69	C 45 M 27 Y 45 K 0	C 90 M 90 Y 43 K 11	C 63 M 82 Y 87 K 52	C 77 M 61 Y 83 K 31	C 85 M 75 Y 60 K 29
C 16 M 27 Y 30 K 0	C 27 M 31 Y 31 K 0	C 68 M 72 Y 55 K 11	C 61 M 71 Y 98 K 33	C 59 M 56 Y 59 K 3	C 67 M 69 Y 76 K 32
C 49 M 99 Y 86 K 22	C 37 M 45 Y 45 K 0	C 19 M 33 Y 39 K 0	C 49 M 39 Y 53 K 0	C 20 M 38 Y 45 K 0	C 48 M 93 Y 91 K 22

(1.2) 案例实战解析

📝 空间实战运用解析

背景色：白色 + 褐色

主体色：米白色 + 褐色 + 水色 + 浅金色　　　点缀色：碧蓝

白色　　褐色　　米白色　　水色　　浅金色　　碧蓝

　　通过拆分整个空间的三种用色，会发现空间中背景色和主体中深色和浅色的用色占比，基本上是平衡的。浅色能让空间感觉更大、更空旷，但倘若是挑高的空间，应注重人居住在其中的舒适感和安全感。本案中墙面的深色屏风起到了很好的调节作用，屏风颜色和地面石材的色彩一致，增加了空间的统一性。水色的地毯和碧蓝的装饰摆件，色感皎洁清亮，层层叠叠点缀在空间中，打破了大面积褐色带来的沉闷感，并流露出诗意美好的气质。

📝 空间实战运用解析

背景色：米白色　　　　　　　主体色：祖母绿 + 景泰蓝

点缀色：浆果红 + 金色

米白色　　祖母绿　　景泰蓝　　浆果红　　金色

　　新中式风格的配色大体可以分为两种手法，一是通过大量灰浊色调营造出雅致清润的典雅格调，二是通过鲜艳色调的对比营造出时尚活力的新贵格调。本案就采用了第二种手法，首先利用米白色的背景营造出轻松舒适的环境，再通过祖母绿与景泰蓝的色相对比，创造出稳重的时尚感，然后以少量的浆果红来强调与主体色之间的冷暖对比，最后加入金属色提升空间的高贵气质。整个空间的色彩营造突出一种稳重的时尚感，又带有一种低调的奢华，与"新中式轻奢"倡导的传统结合时尚的理念不谋而合。

浅咖色　米白色　浅灰色　普鲁士蓝　褐色　黑色　金色

📝 空间实战运用解析

背景色： 浅咖色 + 米白色 + 浅灰色

主体色： 米白色 + 普鲁士蓝 + 褐色 + 黑色　　　　　　**点缀色：** 金色

　　背景色都是浅色系，墙面的米白色和浅咖色搭配，色彩和材质都让空间有温暖感。主体家具的色彩以浅色调为主，长榻上具有东方感水墨纹样的图案，为空间增加了东方神韵。单人沙发的面料色彩最深，考究的普鲁士蓝和家具木质的颜色，都是空间中的重色，增加了空间的稳定感。普鲁士蓝与墙面大面积的浅咖色，从色相上看是互补色。两个颜色都是具有高级感的装饰。

灰白色　灰色　孔雀蓝　黑色　古金色　橙色

📝 空间实战运用解析

背景色： 灰白色 + 灰色 + 孔雀蓝

主体色： 灰色 + 黑色 + 古金色　　　　　　　　　　　**点缀色：** 橙色

　　大面积灰白色调的空间，通过孔雀蓝和金色增加了空间的华丽感。背景色和主体色的大面积颜色都是灰色系，墙面与主沙发色调一致，通过更浅一度的地毯，拉开色彩层次。空间中的用色重点是在背景色孔雀蓝上，设计师在茶几、吊灯和抱枕色彩的选择上，都考虑了孔雀蓝带给空间的气质，用金属的质感和饱和度高的橙色，与孔雀蓝呼应。地毯的写意图案与墙面的壁纸图案气质相互呼应。空间设计有细节、有看点。

银桦色　灰驼色　烟灰色　玛莎拉酒红

📝 空间实战运用解析

背景色： 银桦色 + 灰驼色

主体色： 烟灰色　　　　　　　　　　　　　　　　　**点缀色：** 玛莎拉酒红

　　背景色采用了冷相的银桦色与暖相的灰驼色进行冷暖对比，在环境色的营造上首先构建出冷暖层次感，大量深暗的烟灰色作为空间的主体色彩存在，与背景色之间形成明暗关系的对比，进一步突出空间的层次感。两个玛莎拉酒红的抱枕成为整个空间的点睛之笔，高纯度、中低明度的红色又与背景色、主体色之间形成纯度关系的对照，因此三层对比关系使得空间看起来层次感极强。背景色与主体色都属于色调值低的灰色调色彩，让空间呈现出高级雅致的韵味，色调值较高的玛莎拉酒红又恰如其分地给空间增添了几分时尚感，这就很好地营造出符合现代审美的新中式风格的色彩特征。

✍ 空间实战运用解析

背景色：米黄色 + 深褐色 + 咖啡色

主体色：黑色 + 米白色 + 蓝灰色   点缀色：酒红色 + 靛蓝 + 金色

　　尽管空间有很多红色系的运用，但由于是以点的形式运用，而非面，所以在这个空间中，酒红色是点缀色。背景色是以大面积书柜的深褐色和地面的咖啡色为主，色相色调都几乎一致。主体色以浅色系为主，窗帘和家具的深色部分和背景色平衡呼应。浅色的书桌桌面和地毯提亮了空间。金色的点缀，为空间带来了低调的奢华感。

@ C.H.Y. 室内设计

米黄色　深褐色　咖啡色　米白色　黑色　蓝灰色　酒红色　靛蓝　金色

✍ 空间实战运用解析

背景色：米灰色 + 白色

主体色：胡桃木色 + 黑色   点缀色：西瓜红

　　在文人的世界中书房的意义非凡，古人曾言书中自有黄金屋，书中自有颜如玉。本案采用了大面积胡桃木色落地书架作为墙面的装饰，其中精心挑选的艺术品与书籍有序摆放，形成了各个丰富多彩的小空间。而米灰色和房顶的白色则是空间的背景色，从而保证了空间不至于显得过于沉闷。红色是整个空间色彩的调剂品，表现在书架的背景陈设以及窗帘的装饰边，从而使得空间色彩瞬间活跃了起来。

@宇鸿设计

米灰色　白色　胡桃木色　黑色　西瓜红

✍ 空间实战运用解析

背景色：铅白 + 咖啡色 + 深褐色

主体色：中灰色 + 深褐色   点缀色：蓝灰色 + 古金色 + 橙色

　　背景色大面积是铅白，局部有深褐色搭配。值得关注的是沙发旁边的隔断装饰，让空间的整体基调有了传统感。主体家具的色彩是灰色系和深褐色，与背景色同色系统一，有色彩层次。墙面的装饰画为金箔材质，传统风格，给人一定的厚重感，与隔断装饰的气质相呼应。蓝灰色与铅白一样具有冷感，与空间中的暖色相互对比，也能相互融合。

铅白　咖啡色　深褐色　中灰色　蓝灰色　古金色　橙色

第二节

轻奢风格配色方案

2.1 风格配色要点

轻奢风格的色彩搭配，给人的感觉充满了低调的品质感。中性色搭配方案具有时尚、简洁的特点，因此较为广泛地应用于轻奢风格的家居空间中。选用如象牙白、金属色、高级灰等带有高级感的中性色，能令轻奢风格的空间质感更为饱满。

象牙白相对于单纯的白色来说，会略带一点黄色。虽然不是很亮丽，但如果搭配得当，往往能呈现出强烈的品质感，而且其温暖的色泽能够体现出轻奢风格空间高雅的品质。轻奢风格的室内空间常常会大量使用金属色，以营造奢华感。金属色是极容易被辨识的颜色，非常具有张力，便于打造出高级质感，无论是接近于背景还是跳脱于背景都不会被淹没。

高级灰是介于黑和白之间的一系列颜色，比白色深些，比黑色浅些，大致可分为深灰色和浅灰色。不同层次、不同色温的灰色，能让轻奢风格的空间显得低调、内敛并富有品质感，同时让空间层次更加丰富。

● **常见配色方案**

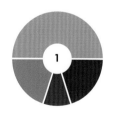

1
- C 30 M 33 Y 60 K 0
- C 41 M 45 Y 47 K 0
- C 73 M 73 Y 65 K 29
- C 82 M 63 Y 56 K 13

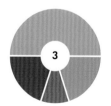

2
- C 35 M 25 Y 26 K 0
- C 35 M 42 Y 55 K 0
- C 73 M 68 Y 72 K 30
- C 75 M 59 Y 69 K 17

3
- C 38 M 23 Y 18 K 0
- C 82 M 65 Y 43 K 3
- C 22 M 37 Y 63 K 0
- C 15 M 69 Y 100 K 0

4
- C 17 M 15 Y 13 K 0
- C 76 M 65 Y 51 K 8
- C 52 M 65 Y 85 K 11
- C 0 M 20 Y 60 K 20

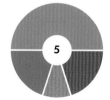

5
- C 42 M 35 Y 26 K 0
- C 42 M 49 Y 40 K 0
- C 37 M 70 Y 16 K 0
- C 0 M 20 Y 60 K 20

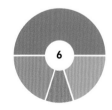

6
- C 45 M 41 Y 41 K 0
- C 53 M 18 Y 17 K 0
- C 23 M 23 Y 26 K 0
- C 0 M 20 Y 60 K 20

2.2 案例实战解析

📝 空间实战运用解析

背景色：灰白色 + 咖啡色

主体色：浅灰色 + 中灰色 + 黑色 + 橙色　　　　点缀色：普鲁士蓝 + 金色

　　爵士白石材结合木饰面的墙面，让空间背景色在干净经典的基调上多了温暖感。家具的颜色延续空间的背景色，主沙发色调与墙面地面一致，在地面与主沙发颜色一致的情况下，运用灰色调的地毯将两者拉开。单人沙发椅背的色调与墙面的木饰面呼应。高级低调的普鲁士蓝，增加了空间的色彩开放度，沉稳不张扬，提升了空间的品质感。

灰白色　咖啡色　浅灰色　中灰色　黑色　橙色　普鲁士蓝　金色

📝 空间实战运用解析

背景色：浅米色 + 棕色

主体色：灰蓝色 + 黑色　　　　点缀色：金色

　　纯白色实木线条内嵌浅米色的墙纸与银镜，整个沙发背景简约而不失美学设计感。棕色的咖网纹大理石在电视背景墙面的应用，传递出空间奢华的格调。具有清凉、优雅感染力的灰蓝色绒面沙发，与温暖百搭的浅米色墙面形成对比，面积虽大，但不突兀，同样营造出和谐的家居主体色彩。

浅米色　棕色　灰蓝色　黑色　金色

📝 空间实战运用解析

背景色：浅咖色 + 原木色 + 浅褐色

主体色：灰白色 + 蓝灰色 + 金色　　　　点缀色：橙色

　　墙面和地板的用色统一，为整个空间的色彩搭配提供了一个自然的底色。地毯和窗帘的面积比较大，在空间中可作为主体色表达，与空间背景色是对比的关系，空间的大面积用色都带有灰色调，同时有开放度。主体沙发的面料颜色，选用的也是带有一点灰的灰白色。金属不锈钢质感的茶几，材质和颜色都与墙面的线条呼应，与地面的色彩也有呼应。一抹橙色的抱枕让空间更加生动。

浅咖色　原木色　浅褐色　灰白色　蓝灰色　金色　橙色

| 暖灰色 | 原木色 | 藕荷色 | 灰粉色 | 咖啡色 | 橙色 |

背景色：暖灰色 + 原木色

主体色：藕荷色 + 灰粉色 + 咖啡色　　　　　　　　点缀色：橙色

　　整个空间色调统一，在红橙色系里，通过色彩不同的明度和饱和度，打造空间的层次和质感。用色稳定平衡，主体家具颜色浅，背景墙面颜色深，床毯的颜色与床头柜呼应，灰色系窗帘与背景色几乎一致。搭配橙色作为点缀色，让用色本就精致的空间焕发出阳光般的活力。

| 冷灰色 | 深棕色 | 金色 | 钴蓝色 | 橙色 | 柠檬黄 | 紫灰色 |

空间实战运用解析

背景色：冷灰色

主体色：深棕色 + 金色　　　　点缀色：钴蓝色 + 橙色 + 柠檬黄 + 紫灰色

　　冷灰色背景色弱化主要家具的体量感，深棕色与金色的主体色明确轮廓的关系，沙发上四种色彩的抱枕以分离配色法搭配，在色相、明度与纯度上分别形成鲜明的对比，突出沙发这个空间主体的同时，给合客区域带来一种活力的氛围。

| 原木色 | 米白色 | 灰色 | 浅灰色 | 墨绿 | 钴蓝 | 金色 |

空间实战运用解析

背景色：原木色 + 米白色 + 灰色

主体色：米白色 + 浅灰色 + 原木色　　　　点缀色：墨绿 + 钴蓝 + 金色

　　用色自然清新的空间，沙发背景墙的原木色和电视柜的颜色有呼应，给人温暖舒适的感觉。主沙发的颜色与地面和空间墙面的灰白色系一致。窗帘、地毯和墙面装饰画的灰色，介于原木色与米白色之间，给空间带来用色的平衡。钴蓝、墨绿点缀在空间中，虽然单独看着这两个颜色不是属于特别清爽的，但放置在空间中，在周围色彩的对比作用下，给人以舒适感。

✐ 空间实战运用解析

背景色：浅褐色 + 孔雀蓝

主体色：米白色 + 深灰色　　　　　　　点缀色：金色 + 玫瑰粉

浅褐色　孔雀蓝　米白色　深灰色　金色　玫瑰粉

@ 布鲁盟设计

　　空间中的暖色调是偏灰的褐色，浅褐色和深褐色从墙面、地面到家具、窗帘，基本都是在暖灰色调里做搭配。在此色彩基调上，墙面部分的孔雀蓝搭配进来，让空间有了复古和考究的感觉。色彩的开放度，决定了空间的表现张力，通常在一个用色平稳的空间中，增加一抹饱和度高的对比色，能让人眼前一亮。本案中的暖色，有深浅、明暗和冷暖的变化，同时注重了平衡。

✐ 空间实战运用解析

背景色：淡蓝色 + 浅褐色

主体色：灰白色 + 蓝色 + 金色　　　　　点缀色：橙色

淡蓝色　浅褐色　灰白色　蓝色　金色　橙色

@ 品邸公装

　　浅蓝色和浅褐色搭配的背景色，显得柔和、唯美。大理石餐桌的色彩和地面一致。此案例中，金色的运用面积相对比较大，可以作为主体色来理解。餐桌的金色腿部极具现代感。蓝色餐椅的色彩和墙面同色相，绒布的面料质感和金色搭配具有摩登复古感。墙面的装饰画具有当代摩登感的画面，线条、几何图案以及色块组合，与餐桌椅表达的气质一致。

工业风格配色方案

3.1 风格配色要点

工业风格给人的印象是冷峻、硬朗而又充满个性，因此工业风格的室内设计中一般不会选择色彩感过于强烈的颜色，而会尽量选择中性色或冷色调为主调，如原木色、灰色、棕色等。

而最原始、最单纯的黑白灰三色，在视觉上就带给人简约又神秘的感受，反而能让复古的风格表现得更加强烈。此外，黑白灰更容易搭配其他色系，例如深蓝、棕色等沉稳中性色，也可以是橘红、明黄等清新暖色系。如此的色彩搭配，不失工业本该有的冷艳，又充满了生气。

裸露的红砖也是工业风常见元素之一，如果担心空间过于冰冷，可以考虑将红砖墙列入色彩设计的一部分。裸砖墙与白色是最经典的固定搭配，原始繁复的纹理和简约白形成互补效果，让明亮的空间添加了一抹柔和的工业风。

工业风的主要元素都是无彩色系，略显冰冷。但这样的氛围对色彩的包容性极高，所以在软装配饰中可以大胆用一些彩色，比如夸张的图案和油画，不仅可以中和黑白灰的冰冷感，还能营造一种温馨的视觉印象。

● 常见配色方案

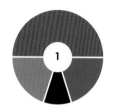 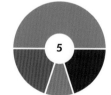 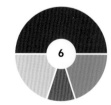

1	2	3
● C 63 M 75 Y 81 K 0	● C 38 M 62 Y 72 K 0	● C 50 M 30 Y 100 K 0
● C 33 M 53 Y 85 K 0	● C 91 M 92 Y 36 K 2	● C 59 M 28 Y 39 K 0
● C 80 M 50 Y 100 K 13	● C 53 M 98 Y 86 K 39	● C 75 M 58 Y 48 K 3
● C 88 M 90 Y 69 K 59	● C 77 M 68 Y 60 K 20	● C 42 M 78 Y 87 K 5

4	5	6
● C 60 M 70 Y 59 K 11	● C 55 M 50 Y 77 K 2	● C 95 M 85 Y 58 K 32
● C 100 M 85 Y 48 K 13	● C 63 M 75 Y 81 K 0	● C 9 M 15 Y 82 K 0
● C 85 M 82 Y 82 K 70	● C 65 M 80 Y 91 K 52	● C 54 M 43 Y 50 K 0
● C 47 M 97 Y 100 K 19	● C 73 M 23 Y 33 K 20	● C 22 M 88 Y 55 K 0

案例实战解析

 空间实战运用解析

背景色：水泥灰 + 灰驼色

主体色：墨绿色　　　　　　　　　　　点缀色：栗色 + 赭橙色

水泥灰　灰驼色　墨绿色　栗色　赭橙色

　　墙面和顶面运用了大量的水泥灰带来工业时代简单高效的色彩印象，而墨绿色的沙发以及灰绿色的地毯又给人一种后工业时代以人为核心的新思潮，人们对绿色的认知均来自于自然，将代表着工业的灰色与代表着自然的绿色相结合，摆脱了过去的工业风枯燥乏味的色彩印象，这种色彩印象的对照创造出矛盾感，突出时尚前卫的空间气质。吧椅、抱枕以及装饰画的栗色和赭橙色调和了深暗的墨绿色带来的冷酷感，恰如其分地注入了温暖的气息。这种暗浊色调的冷暖对比很受时下追求简适与品质感并存的居住者欢迎。

 空间实战运用解析

背景色：灰色 + 原木色

主体色：米色 + 黑色　　　　　　　　　点缀色：红色

灰色　原木色　米色　黑色　红色

　　保留原始质感的顶棚设计，与光滑的立面形成了对比，同时又与凸凹不平的电视背景墙遥相呼应。远处的黑色玻璃窗，通透大气，在与室内柜体色彩呼应的同时，又将室外的绿色引入室内。舒适的米白色沙发，成为空间中最柔美的代表。地面中央的红色油漆桶凳，以最明艳的色彩点缀了室内空间，并且呼应了室外的那抹绿色。

 空间实战运用解析

背景色：原木色 + 米白色

主体色：灰色 + 橘色　　　　　　　　　点缀色：湖蓝色 + 橙黄色

@ 新澄设计

原木色　米白色　灰色　橘色　湖蓝色　橙黄色

　　阳光透过百叶帘的间隔，夹杂着柔和的室内光源，均匀地照在铺着皮草毛垫的灰色的布艺沙发上。灰色和橘色棉质布艺，打造出了触感细腻的沙发和抱枕，木质的台面搭配金属感椅子，在质朴中融入现代气息。地面的动物皮毛地毯指向餐厅的方向，湖蓝的铁皮椅和章鱼凳，四平八稳地驻足于厚重的木质餐桌下方。橱柜的不锈钢内衬在暖色灯带的照射下熠熠生辉。

背景色：曜石黑 + 亮白色 + 水泥灰

主体色：挪威蓝   点缀色：庞贝红

曜石黑　亮白色　水泥灰　挪威蓝　庞贝红

　　工业风的配色已从过去一味克制的手法中解脱出来，人们欣赏工业风带来的随性洒脱、不拘一格的自在，但却不喜寡淡颓靡的色彩氛围。于是在利用黑、白、灰无彩色营造环境色的同时，从软装上融入各自对色彩的喜好是一种新的风尚。挪威蓝的沙发带来大海般宽广放松的色彩感受，而红色偏橙略暗的庞贝红与挪威蓝形成鲜明的色相对比，碰撞出年轻的活力，从客厅的地毯到餐厅的吊灯，前后贯穿，上下呼应，在空间里形成非常平衡的色彩构图。整个空间摆脱了过去对色彩寡淡的工业风的认知，更符合现代年轻人的审美需求。

✎ **空间实战运用解析**

背景色：灰色 + 砖红色

主体色：灰黑色 + 原木色   点缀色：橄榄绿

灰色　砖红色　灰黑色　原木色　橄榄绿

　　灰黑色的顶棚衬托着暴露在外的并具有工业风的白色射灯组件，既有设计的美感又围合了空间。灰黑色的布艺沙发与原木色的实木橱柜，在材质上的软与硬结合，丰富了空间的质感。裸露的红色砖墙与橄榄绿色的展示书架，营造出了怀旧且带有雅痞味的工业风气氛。

北欧风格配色方案 -

4.1 风格配色要点

北欧地处北极圈附近，不仅气候寒冷，有些地方甚至会出现长达半年之久的极夜。因此，北欧风格经常会在家居空间中使用大面积的纯色，以提升家居环境的亮度。在色相的选择上偏向如白色、米色、浅木色等淡色基调，给人以干净明朗的感觉。北欧风格的墙面一般以白色、浅灰色为主，地面常选用深灰、浅色的地板作为搭配。一些高饱和度的纯色，如黑色、柠檬黄、薄荷绿等则可用来作为北欧家居中的点缀色，制造出让人眼前一亮的感觉。

黑白色的组合被誉为永远都不会过时的色彩搭配，而北欧风格延续了这一法则。在北欧地区，冬季会出现极夜，日照时间较短，因此阳光非常宝贵，而居室内的纯白色调，能够最大程度地反弹光线，将这有限的光源充分利用起来，形成了美轮美奂的北欧装饰风格。黑色则是最为常用的辅助色，常见于软装的搭配上。黑白分明的视觉冲击，再用灰色来做缓冲调剂，让白色的北欧家居不会显得太过于单薄。

● 常见配色方案

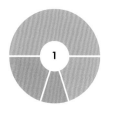

1
- C 57 M 9 Y 10 K 0
- C 37 M 27 Y 23 K 0
- C 15 M 28 Y 40 K 0
- C 20 M 35 Y 69 K 0

2
- C 0 M 0 Y 0 K 60
- C 15 M 28 Y 40 K 0
- C 20 M 22 Y 75 K 0
- C 66 M 41 Y 100 K 0

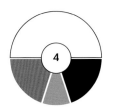

3
- C 15 M 12 Y 6 K 0
- C 92 M 87 Y 53 K 0
- C 35 M 56 Y 77 K 0
- C 0 M 10 Y 90 K 0

4
- C 0 M 0 Y 0 K 0
- C 44 M 60 Y 67 K 0
- C 0 M 0 Y 0 K 100
- C 20 M 50 Y 20 K 0

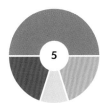

5
- C 0 M 0 Y 0 K 46
- C 75 M 65 Y 42 K 1
- C 15 M 29 Y 43 K 0
- C 35 M 0 Y 15 K 0

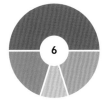

6
- C 68 M 60 Y 53 K 0
- C 37 M 46 Y 58 K 0
- C 49 M 20 Y 43 K 0
- C 17 M 17 Y 49 K 0

4.2 案例实战解析

📝 空间实战运用解析

背景色：孔雀蓝 + 灰色

主体色：原木色 + 黑色 点缀色：黄色

孔雀蓝　　灰色　　原木色　　黑色　　黄色

　　孔雀蓝的墙面、门板，给整个空间奠定了色彩基调。不同款式的黑色餐椅，在造型上提升了空间的现代感，在色彩上则增添了空间的高贵感。空间里的现代家具，不仅增添了北欧风格自然简约的气质，而且在色彩的搭配上也拿捏得极为巧妙。

@ 馥阁设计

📝 空间实战运用解析

背景色：米白色 + 米驼色

主体色：蓝光色 + 米褐色 点缀色：亮黄色 + 草木绿

米白色　米驼色　蓝光色　米褐色　亮黄色　草木绿

　　原木呈现的米褐色是北欧风格必不可少的色彩，而代表着海洋的蓝色与代表着阳光的黄色是北欧风配色里一对十分经典的组合。北欧地处北极圈附近，气候非常寒冷，因此室内大面积鲜艳的色彩弥补了冗长的冬天带来的单调和匮乏感。地板、餐桌以及橱柜的原木色给人亲和易接近的感觉，蓝光色的餐椅让人感觉鲜活轻松，而装饰画的亮黄色为空间恰到好处地注入了阳光的味道，整个空间的配色展现出轻松、自由、闲适的生活情调。

📝 空间实战运用解析

背景色：淡蓝色 + 灰色

主体色：白色 + 原木色 + 玫红色　　　　　　　　　　**点缀色：**橙色

　　在室内设计中，背景墙的色彩是营造空间氛围的最重要元素，它的选择将直接影响整体环境，淡蓝色是优雅而富有活力的北欧风格背景墙的代表色彩。玫红色的布艺沙发，与背景墙色彩形成对比色，凸显沙发单椅在餐厅空间的重要性。白底黑框的墙面装饰画在浅蓝色背景墙衬托下，形成色彩上的对比，同时，白色的装饰卡纸与窗帘、餐桌的色彩呼应，形成和谐的室内氛围。

淡蓝色　　灰色　　白色　　原木色　　玫红色　　橙色

📝 空间实战运用解析

背景色：碧蓝色 + 原木色 + 灰色

主体色：白色 + 灰色　　　　　　　　　　　　　　　**点缀色：**黄色

　　在北欧风格的居室空间中，要想表现其年轻、具有活力的室内氛围，一般选用色相明快的、饱和度高的色彩。碧蓝色的沙发背景墙正是最理想的选择。30% 灰色墙面与纯白色的木作门套搭配，可创造出北欧空间中独有的简洁优雅感。纯白色的家具与原木色地板在北欧风格中最为常见，两者的搭配完美营造现代、舒适的室内氛围。小巧、精致的碧蓝色铁艺茶几与沙发背景墙的色彩，原木色的木作小圆几与地板、吊顶的色彩分别形成和谐的呼应。

碧蓝色　　原木色　　灰色　　白色　　黄色

📝 空间实战运用解析

背景色：银灰色 + 原木色

主体色：棕色　　　　　　　　　　　　　　　　　　　**点缀色：**黄色 + 红雀绿

　　银灰色的墙面在阳光的照射下略显偏蓝，形成灰中偏蓝的背景色。纯白色的顶面石膏线条、百叶窗、实木踢脚线搭配银灰色的背景墙，既可传递出优雅的室内氛围，同时形成色彩上的对比与呼应。棕色的皮革沙发与银灰色的背景墙形成对比色，凸显皮革沙发的颜色与质感，提升整体空间品质。在空间整体搭配上，银灰色的布艺摇椅、沙发搭毯、灰色布艺靠枕、铁艺圆边几，都以银灰色的背景墙色彩做参照，材质的差异丰富了室内变化。

银灰色　　原木色　　棕色　　黄色　　红雀绿

背景色：深蓝色 + 白色 + 原木色

主体色：原木色 + 白色　　　　　　　　　　点缀色：绿色

　　深蓝色的背景墙面搭配同色系的木作书柜，在室内色彩的明度表现上偏暗，与纯白色的顶棚、窗帘、伊姆斯餐椅、踢脚线形成鲜明的对比反差，凸显出强烈的设计感。柚木色的地面、餐桌与深蓝色的墙面颜色形成对比，两者界线清晰，视觉效果显著。绿叶植物作为北欧空间代表性的装饰元素，在深蓝色背景墙面的烘托下，更具生命力。

深蓝色	白色	原木色	绿色

 空间实战运用解析

背景色：白色

主体色：浅木纹色 + 深灰　　　　　　点缀色：浅绿 + 淡蓝色 + 草木黄色

　　白色是北欧风格中最受欢迎的颜色，本案的白色背景不用材质去表现，白砖墙与白色原木增加了白色背景的质地品种，使得空间不显单调，在主体色上浅木纹与深灰色令北欧色调得到平衡，点缀色品类偏多，但凸显出生活的多彩，不失趣味。

白色	浅木纹色	深灰	浅绿	淡蓝色	草木黄色

空间实战运用解析

背景色：白色

主体色：浅原木色 + 玄黑　　　　　　　　　点缀色：灰色

　　白色墙面弱化了房屋结构的不规则感，为主体色突出的形体提供了足够的留白，黑色主体色与原木色的组合在白色背景下，拉出长调的对比，形成强烈的视觉冲击，长调对比对于住宅来说太过于激进，于是设计师采用了灰色的点缀色进行调和，使得空间色彩明度呈现出中长调的视觉感受。

白色	浅原木色	玄黑	灰色

美式风格配色方案 -

5.1 风格配色要点

在美式风格中，很难看到透明度比较高的色彩。不管是浅色还是深色，都不会给人视觉上的冲击感。美式风格追求一种自由随意、简洁怀旧的感受，所以色彩搭配上追寻自然的颜色，常以暗棕色、土黄色为主色系。美式风格中的原木本色一般选用胡桃木色或枫木色，仍保有木材原始的纹理和质感，还刻意增添做旧的斑痕和虫蛀的痕迹，营造出一种古朴的质感，体现原始粗犷的美感。

在美式风格中，美式古典风格主色调一般以黑、暗红、褐色等深色为主，整体颜色更显怀旧复古、稳重优雅，尽显古典之美；美式乡村风格更倾向于使用木质本身的淡色调，大量木质元素的应用给人一种自由闲适的感觉，墙面颜色选取自然色调为主，绿色或者土褐色是最常见的搭配色彩；现代美式风格的色彩搭配一般以浅色系为主，如大面积地使用白色和木质色，搭配出一种自然闲适的生活环境。

常见配色方案

1
- C 63 M 73 Y 76 K 22
- C 44 M 53 Y 63 K 0
- C 45 M 99 Y 100 K 15
- C 80 M 62 Y 0 K 0

2
- C 71 M 70 Y 67 K 28
- C 46 M 46 Y 55 K 0
- C 32 M 28 Y 36 K 0
- C 0 M 0 Y 0 K 100

3
- C 16 M 13 Y 15 K 0
- C 63 M 80 Y 97 K 53
- C 85 M 70 Y 31 K 0
- C 0 M 20 Y 60 K 20

4
- C 71 M 86 Y 95 K 56
- C 75 M 15 Y 35 K 0
- C 60 M 37 Y 96 K 5
- C 51 M 55 Y 59 K 0

5
- C 46 M 47 Y 97 K 0
- C 10 M 10 Y 0 K 60
- C 60 M 10 Y 80 K 55
- C 76 M 81 Y 81 K 55

6
- C 58 M 40 Y 32 K 0
- C 77 M 80 Y 80 K 61
- C 11 M 16 Y 20 K 0
- C 84 M 67 Y 61 K 23

空间实战运用解析

背景色：砂灰色

主体色：土黄色 + 棕黄色   点缀色：番茄酱红 + 青金石蓝

砂灰色　　土黄色　　棕黄色　　番茄酱红　青金石蓝

空间实战运用解析

背景色：浅灰绿 + 亮白色

主体色：中灰绿 + 亮白色   点缀色：玉米黄

浅灰绿　　亮白色　　中灰绿　　玉米黄

　　美式风格源于欧洲文化与印第安文化的糅合渗透，配色印象主要是来自于对土地的尊崇和对自然的敬畏，崇尚自由与舒适的精神导向，因此美式风格的配色以自然参照为主要手法。

　　在砂灰色的背景下，土黄色的沙发和棕黄色的木器，均为浑厚的大地色系，营造了厚重、温润的空间气质，浓郁丰厚的番茄酱红来自于自然界中花卉的色彩，为空间增添了热情和活力，而青金石蓝作为空间中唯一的一个冷色相，有效地调和了大面积暖色带来的单调感。

　　本案采用自然色系，遵循了美式风格的色彩特点，但在色调上摆脱了美式风格浓郁厚重的色彩印象。浅灰色的背景色让人感觉到轻松柔和，软体床的花色面料呈现出来的中灰绿刚好比背景色暗一个明度，形成微弱的明暗渐变，但由于色相一致、纯度一致，因此在产生和谐一致的色彩效果的同时，又因明度的微弱变化而形成差异化，体现主体与背景之间的层次感。玉米黄作为空间唯一的一个点缀色，与绿色形成中差的色相关系，这种弱对比的色相对比关系能给空间带来亲切的活力感。

空间实战运用解析

背景色：米黄色

主体色：深棕色 + 灰褐　　　　　点缀色：番茄酱红 + 草木绿 + 金色

　　米黄色的墙面与灰褐色的沙发以及深棕色的木制家具形成高、中、低三个明度阈值的对比，让空间层次分明。三者同为浑厚的大地色系，带来稳重、传统的色彩印象。地毯略暗的番茄酱红与花艺葱郁的草木绿均源自于自然界中的红花绿叶，它们之间形成的补色关系，作为点缀色为空间增添不少活力，调和了单一的大地色系带来的刻板的印象。

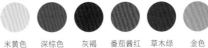

米黄色　深棕色　灰褐　番茄酱红　草木绿　金色

空间实战运用解析

背景色：驼色 + 白色 + 深棕色

主体色：浅米色 + 深棕色　　　　　点缀色：绿色 + 金色

　　驼色的硬包背景墙，为现代美式卧室奠定了质朴、温暖的色彩基调。浅米色的软包拉扣床头是与背景墙面接触的最大色块，形成同色系的深浅对比，创造出和谐、舒适的视觉效果。浅米色的真丝布帘搭配通透的白色纱帘，在立面上与背景墙衔接，同样创造出同色系的深浅对比，让窗帘色彩融入整个空间的色彩层次中，创造出柔和的视觉效果。

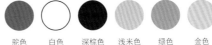

驼色　白色　深棕色　浅米色　绿色　金色

空间实战运用解析

背景色：古典绿 + 鸟蛋绿

主体色：棕黄色 + 灰砂色　　　　　点缀色：灰绿色

　　安静沉稳的古典绿与清新淡雅的鸟蛋绿构成了空间的背景色，两者色相、纯度相近但明度差极大，一明一暗，平衡了空间的视觉光感。棕色的木制家具温润浑厚，搭配灰砂色的软体坐垫，也形成了一组明暗关系的对比，暖色相的棕色系又与冷色相的绿色系形成冷暖的对照，空间层次丰富。美式风格讲究自然的色彩效果，因此避免过于引人注目的点缀色在空间中产生强烈的刺激感，通常使用多层次的明度差来构建空间的层次感。

古典绿　鸟蛋绿　棕黄色　灰砂色　灰绿色

一 第六节

法式风格配色方案

6.1 风格配色要点

法式风格拒绝浓烈的色彩，推崇自然而不矫揉造作的用色，例如蓝色、绿色、紫色等，再搭配清新自然的象牙白和奶白色，整个室内便溢满素雅清幽的感觉。此外，优雅而奢华的法式氛围还需要适用的装饰色彩，如金、紫、红等，夹杂在素雅的基调中温和地跳动，渲染出一种柔和、高雅的气质。

蓝色是法国国旗色之一，也是法式风格的象征色。法式风格中常用带些灰色的蓝，总能让空间散发优雅时尚的气息。法式风格对金色的应用由来已久。比如在法式巴洛克风格中，除了各种手绘雕花的图案，还常常在雕花上加以描金，在家具的表面上贴金箔，在家具腿部描上金色细线，务求让整个空间金光闪耀，璀璨动人。白色纯洁、柔和而又高雅，往往在法式风格的室内环境中作为背景色使用。法国人从未将白色视作中性色，他们认为白色是一种独立的色彩。

● 常见配色方案

● C 72 M 76 Y 75 K 47
● C 77 M 63 Y 82 K 36
● C 65 M 45 Y 58 K 0
● C 53 M 55 Y 66 K 0

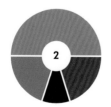

● C 62 M 33 Y 42 K 0
● C 51 M 51 Y 53 K 0
● C 50 M 75 Y 100 K 17
● C 88 M 73 Y 82 K 59

● C 69 M 92 Y 99 K 67
● C 45 M 53 Y 77 K 0
● C 48 M 83 Y 0 K 0
● C 85 M 66 Y 0 K 0

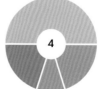

● C 22 M 19 Y 25 K 0
● C 78 M 21 Y 46 K 0
● C 33 M 33 Y 58 K 0
● C 53 M 21 Y 25 K 0

● C 92 M 85 Y 62 K 46
● C 10 M 70 Y 80 K 0
● C 57 M 69 Y 86 K 22
● C 70 M 69 Y 68 K 26

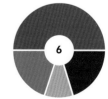

● C 87 M 59 Y 47 K 3
● C 75 M 45 Y 18 K 0
● C 48 M 100 Y 100 K 23
● C 0 M 20 Y 60 K 20

6.2 案例实战解析

📝 空间实战运用解析

背景色：白色 + 亮金色

主体色：嫩草绿 + 蝶粉　　　　　　　　　　点缀色：朱红色

| 白色 | 亮金色 | 嫩草绿 | 蝶粉 | 朱红色 |

　　本案采用白色与亮金色的组合来呈现墙、地、顶的装饰语言，并通过对比弱化了白色雕刻部分的繁杂，形成典型的华丽的法式语言。主体色方面，嫩草绿与蝶粉在饱和度上十分接近，明度上有所差异，组合在一起形成了年代感极强的法式风情，通过朱红色的点缀，加强了这样一种复古的法式情怀。

📝 空间实战运用解析

背景色：云灰色 + 米白色

主体色：深棕色 + 原木棕色　　　　　　　　点缀色：金色

| 云灰色 | 米白色 | 深棕色 | 原木棕色 | 金色 |

　　云灰色混油木作在比例恰当的前提下，能很好地体现法式的美学逻辑，色彩组合上，云灰色渗透至顶面，与墙面的米白色之间形成相对平衡的配比，深棕色与原木棕色的家具与地板共同促成了主体的稳定，金色的点缀主要用于雕刻构件与吊灯，进一步提亮了顶部，也强调了欧式美学逻辑的精致。

暖黄色　象牙白　灰蓝色　深棕色　红色　金色

空间实战运用解析

背景色：暖黄色 + 象牙白

主体色：灰蓝色 + 深棕色　　　　　　　　点缀色：红色 + 金色

　　古典的味道在本案空间中彰显得淋漓尽致，独特的视角，带来与众不同的视觉效果。暖黄色暗纹壁纸的墙面，搭配灰蓝色的布艺沙发，以冷暖色调的结合，呈现出了犹如油画般的视觉效果。茶几和圆几上的摆品是空间里最为亮眼的色彩，两者以色彩冲突的形式形成了呼应，仿佛恋人般在空间里相互凝望。

亮白色　冰川灰　米驼色　米克诺斯蓝　蔷薇粉　草木绿　金色

空间实战运用解析

背景色：亮白色 + 冰川灰

主体色：米驼色 + 米克诺斯蓝　　　　　点缀色：蔷薇粉 + 草木绿 + 金色

　　法式风格的色彩在讲究高贵典雅的同时也注重浪漫主义的表达，通常会创造一些理想主义的配色，比如浅蓝色搭配粉红色，浅绿色搭配粉紫色等。本案采用亮白色与冰川灰作为背景色营造出浅亮、净澈的环境效果，温暖舒适的米驼色增加空间的温度感。米克斯诺蓝是一种具有高贵血统的色彩，在整个空间里扮演着重头戏，把法式风格的优雅气质和仪式感烘托得淋漓尽致。茶几上粉色的蔷薇花与壁炉上方蓝底粉花的装饰画遥相呼应，又为空间增添了浪漫主义的情愫，金色也是法式风格奢华典雅的贵族气息的色彩表达。

亮白色　米驼色　浅灰绿　法国蓝　山杨黄　金色

空间实战运用解析

背景色：亮白色

主体色：米驼色 + 浅灰绿 + 法国蓝　　　点缀色：山杨黄 + 金色

　　亮白色的背景色让开阔的空间看起来更加高挑宽敞，米驼色的沙发和地毯给人温和亲近的柔软感，而浅灰绿的窗帘和法国蓝的单沙发、圆凳等形成弱对比的中差色相关系，营造舒缓的差异感。米驼色、法国蓝、浅灰绿三者纯度、明度相近，都属于淡浊色调，三者搭配在同一空间，形成优雅温和的女性印象，极其符合法式风格温婉的个性特征。茶几上的黄色花艺是整个空间中纯度最高的色彩，虽然占比非常小，却恰到好处地给淡浊色调的朦胧感里增添了几分明朗的气息。

地中海风格配色方案

7.1 风格配色要点

地中海风格是起源于地中海沿岸的一种家居风格，是海洋风格的典型代表，因富有浓郁的地中海人文风情和地域特征而得名。地中海风格的空间会大量运用石头、木材、水泥以及充满肌理感的墙面，最后形成的效果是色彩感和形状感均不突出，却充满强烈的材质感。

地中海风格的最大魅力来自其高饱和度的自然色彩组合，但是由于地中海地区国家众多，呈现出很多种特色。西班牙、希腊以蓝色与白色为主，这也是地中海风格最典型的色彩搭配方案，两种颜色都透着清新自然的浪漫气息；意大利地中海风格以金黄向日葵花色为主；法国地中海风格以薰衣草的蓝紫色为主；北非地中海风格以沙漠及岩石的红褐、土黄等大地色为

主。虽然地中海风格的配色形式变幻纷繁，但其所呈现出来的色彩魅力是不会变的。

● 常见配色方案

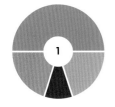 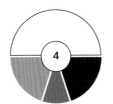 

1	2	3
C 57 M 36 Y 27 K 0	C 25 M 31 Y 43 K 0	C 33 M 25 Y 27 K 0
C 23 M 31 Y 50 K 10	C 27 M 50 Y 80 K 0	C 0 M 0 Y 0 K 0
C 30 M 30 Y 30 K 0	C 10 M 80 Y 80 K 10	C 95 M 82 Y 48 K 13
C 87 M 76 Y 66 K 41	C 87 M 75 Y 35 K 0	C 29 M 50 Y 72 K 0

4	5	6
C 0 M 0 Y 0 K 0	C 21 M 29 Y 29 K 0	C 0 M 0 Y 0 K 0
C 75 M 22 Y 26 K 0	C 85 M 60 Y 21 K 0	C 69 M 78 Y 85 K 53
C 85 M 81 Y 77 K 62	C 58 M 70 Y 73 K 19	C 95 M 83 Y 43 K 7
C 66 M 58 Y 52 K 0	C 67 M 0 Y 36 K 0	C 79 M 45 Y 100 K 6

7.2 案例实战解析

✎ **空间实战运用解析**

背景色：白色 + 原木棕

主体色：黑色 + 卡其灰 　　　　　　　　　　　　点缀色：鸠灰

| 白色 | 原木棕 | 黑色 | 卡其灰 | 鸠灰 |

　　白色与原木棕的组合用以搭配地中海风格的背景色相对而言比较平稳，适合较为年长的使用者。在主体色方面，黑色与卡其灰的组合能够体现足够明确的对比关系，适合用来表现有几何造型的家具。最后呼应地中海风格的鸠灰色点缀也用非常低的饱和度融入空间之中，呈现出非常温和的视觉感受。

✎ **空间实战运用解析**

背景色：白色

主体色：浅花青 + 灰丁宁蓝 + 浅瓷蓝 　　　　　　点缀色：浅棕色

| 白色 | 浅花青 | 灰丁宁蓝 | 浅瓷蓝 | 浅棕色 |

　　亚麻白的温和质地作为背景色可以呈现出消费者非常喜爱的明快舒适感。在主体色的选择上，多种灰度与饱和度的浅花青、灰丁宁蓝、浅瓷蓝的相近色组合，都表现出地中海风格所持有的丰富的蓝色的层次。用浅棕色的家具点缀其间，加强空间所要表达的悠闲安逸之感，整体色调处理得非常成熟。

空间实战运用解析

背景色：米白 + 薄荷奶油

主体色：浅粉蓝 + 原木棕　　　　　　　　点缀色：金色

　　本案的背景色调非常有特点，采用米白色与薄荷奶油色的组合，呈现出非常平和清新的地中海韵味。在主体色的选择上，浅粉蓝与原木棕这两个非常具有地中海地区色调特征的颜色作为家具的基调，通过不同的肌理对比，丰富了空间的主体层次。金色的点缀提亮空间明度，也形成了补色对比。

米白色　　薄荷奶油　　浅粉蓝　　原木棕　　金色

空间实战运用解析

背景色：白色 + 土黄色 + 原木色

主体色：原木色 + 白色 + 灰蓝色　　　　　点缀色：蓝色 + 紫色

　　北非地中海装饰风格一般选择接近自然的色彩，给人原始质朴之感；房顶采用开放漆木梁的形式用来模仿原始的建筑结构，使整体氛围完善；床头背景采用了北非盛产的灰岩文化石铺贴墙面，突出了地域特色；由于北非地中海城市中随处可见沙漠和岩石，所以土黄色同样常用来搭配室内设计色彩。

白色　　土黄色　　原木色　　灰蓝色　　蓝色　　紫色

空间实战运用解析

背景色：蓝色 + 白色 + 棕色

主体色：灰蓝色 + 白色　　　　　　　　　点缀色：蓝色 + 红色

　　本案为小户型的酒店式公寓，在注重满足实用功能的同时兼顾美观效果；希腊地中海的建筑特色蓝白相间，极具有浪漫的度假氛围；电视背景提取建筑中的曲线来做造型，中间铺贴文化砖突出肌理质感；沙发背景大面积的蓝色风景壁画为室内增添美景，搭配蓝白相间的布艺沙发，营造出地中海风格的浪漫格调。

蓝色　　白色　　棕色　　灰蓝色　　红色

第八节
东南亚风格配色方案

8.1 风格配色要点

东南亚风格的特点是色泽鲜艳、崇尚手工，自然温馨中不失热情华丽，通过细节和软装来演绎原始自然的热带风情。设计上通常有两种配色方式：一种是将各种家具包括饰品的颜色控制在棕色或者咖啡色系范围内，再用白色或米黄色全面调和，是比较中性化的色系；另一种是采用艳丽的颜色做背景或主角色，例如青翠的绿色、鲜艳的橘色、明亮的黄色、低调的紫色等，再搭配艳丽色泽的布艺、黄铜或青铜类的饰品以及藤、木等材料的家具。

在东南亚风格的软装设计中，最抢眼的要数绚丽的泰丝。由于地处热带，气候闷热潮湿，为了避免空间的沉闷压抑，因此在装饰上用夸张艳丽的色彩冲破视觉的沉闷，而这些斑斓的色彩全部来自五彩缤纷的大自然，在色彩上回归自然便是东南亚风格最大的特色。

● 常见配色方案

 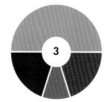  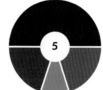 

1
- C 73 M 78 Y 81 K 57
- C 58 M 27 Y 37 K 0
- C 88 M 80 Y 43 K 25
- C 49 M 73 Y 70 K 9

2
- C 27 M 40 Y 68 K 0
- C 60 M 32 Y 27 K 0
- C 30 M 45 Y 38 K 0
- C 53 M 46 Y 70 K 0

3
- C 27 M 35 Y 45 K 0
- C 47 M 100 Y 99 K 21
- C 42 M 83 Y 100 K 7
- C 78 M 41 Y 85 K 2

4
- C 45 M 92 Y 99 K 12
- C 85 M 68 Y 88 K 42
- C 21 M 29 Y 36 K 0
- C 43 M 50 Y 90 K 0

5
- C 65 M 83 Y 91 K 52
- C 32 M 97 Y 100 K 0
- C 62 M 62 Y 56 K 6
- C 41 M 46 Y 51 K 0

6
- C 61 M 73 Y 99 K 36
- C 49 M 56 Y 67 K 0
- C 70 M 68 Y 96 K 43
- C 47 M 76 Y 67 K 6

8.2 **案例实战解析**

 空间实战运用解析

背景色：亚麻白色

主体色：巧克力色   点缀色：枯绿色＋香槟金色

亚麻白色   巧克力色   枯绿色   香槟金色

    繁复的充满祥瑞图案的巧克力色壁布与绿色的单品充满了浓郁的热带雨林风味，结合了充斥着大自然气息的竹编吊顶，蒲扇叶形的风扇灯，带有原木元素和棉麻材质的床品……亚麻白的纱幔围和了一个宁静的睡眠空间，身体放松的同时，心灵也回归了自然。

 空间实战运用解析

背景色：米灰色

主体色：深棕色＋钴蓝   点缀色：森林绿＋釉红＋草黄＋钴蓝

米灰色   深棕色   钴蓝   森林绿   釉红   草黄

    米灰色墙面的处理提供了明亮温和的空间基础，非常有利于风格化符号的表现，深棕色木格栅以大块面的方式镶嵌其中，加强了空间的立面节奏。在家具的选型上，呼应背景色与主体色的关系，令家具与空间的融合度极高，点缀色方面，本案用法比较高级，森林绿、釉红、草黄，暗合热带的繁花，以低饱和度、高灰度方式呈现，钴蓝墙饰以集中原则出现在墙面，饱和度随之提高，表现出丰富的层次关系。

淡绿色　白色　孔雀绿　米色　猩红色

空间实战运用解析

背景色：淡绿色 + 白色

主体色：孔雀绿 + 米色　　　　　　　　　　点缀色：猩红色

　　淡淡的绿色墙面，宁静而清新。孔雀绿丝绒沙发，华贵而雅致。将两者结合，体现出了现代东南亚风格中宁静而高贵的气质。墙面连续出现的曲线造型，一实一虚，凸显了空间主题。时尚的黑白条纹地毯、不规则的黑色线条茶几，延续了卧室设计的美学。将现代元素引入浓郁的东南亚客厅，创造出了具有现代感的东南亚风格空间。黑色的铁艺蒙纸组合吊灯，使空间更具地域特色。小面积的猩红色布艺以及台灯的点缀，与孔雀绿形成了对比，营造出明快而艳丽的空间氛围。

白色　藤褐色　米黄色　锡兰橙

空间实战运用解析

背景色：白色

主体色：藤褐色　　　　　　　　　　点缀色：米黄色 + 锡兰橙

　　莲花作为东南亚重要元素，以造型灯带和木格栅的形式出现在墙面上，线条柔美，结合方正层叠的线条遒劲的顶部造型，配以金色的灯光，有了一种庄严之感。藤褐色的家具线条富有节奏感，有条不紊地与室内材质融合为一体。布艺选择锡兰橙作为点缀色，体现了富有朝气的现代生活气息。

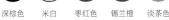

深棕色　米白　枣红色　锡兰橙　淡茶色

空间实战运用解析

背景色：深棕色

主体色：米白 + 枣红色　　　　　　　　　　点缀色：锡兰橙 + 淡茶色

　　同一种颜色不同明度的运用，在傍晚光线不足时显得较为灰暗模糊，本案采用将全部吊顶用暖光打亮的手法，使上部空间呈现出金黄色的暖意。在软装上，曲线柔美的米白色吊灯、床幔上的几何图案以及淡茶色的枕头和锡兰橙色的花瓶，与整个立体形式产生融合。

装饰艺术风格配色方案

9.1 风格配色要点

装饰艺术风格在色彩构成上，与新艺术运动和工业美术运动追求典雅的色彩大相径庭，特别强调纯色、对比色和金属色的运用。空间有着浓郁又不失感性的色彩元素，具有强烈鲜明的色彩特征，常以明亮且对比强烈的颜色来表达空间气质，具有强烈的装饰意图。常用色彩包括银色、黑色、黄色、红色，也常用乳白色、米黄色、淡黄色、紫色、米白色、橙色等。此外还注重使用强烈的原色和金属色系，如金、银、铜等金属的色彩。

由于装饰艺术风格在色彩设计中强调运用鲜艳的纯色、对比色和金属色，因此往往会呈现出华美绚烂的视觉效果。在如今强调个性和张扬独立精神的时代下，色彩成了寄托精神和表达情感的重要工具，装饰艺术风格之所以备受人们推崇和喜爱，正是由于它五彩斑斓和激烈昂扬的色彩塑造。

常见配色方案

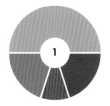

1

C 63 M 73 Y 76 K 22
C 86 M 43 Y 60 K 1
C 77 M 71 Y 51 K 11
C 35 M 85 Y 65 K 0

2

C 61 M 62 Y 63 K 9
C 68 M 67 Y 55 K 9
C 81 M 55 Y 62 K 9
C 31 M 35 Y 55 K 0

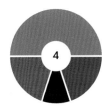

3

C 65 M 61 Y 62 K 9
C 32 M 35 Y 36 K 0
C 75 M 67 Y 50 K 7
C 42 M 65 Y 80 K 2

4

C 51 M 50 Y 55 K 0
C 47 M 70 Y 69 K 5
C 85 M 77 Y 38 K 2
C 85 M 81 Y 78 K 65

5

C 49 M 41 Y 38 K 0
C 31 M 33 Y 36 K 0
C 31 M 73 Y 62 K 0
C 15 M 58 Y 82 K 0

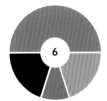

6

C 48 M 49 Y 60 K 0
C 0 M 0 Y 0 K 100
C 0 M 20 Y 60 K 20
C 85 M 45 Y 42 K 0

(9.2) 案例实战解析

✏️ **空间实战运用解析**

背景色：米色

主体色：黑色 + 金色   点缀色：橙色

米色　　黑色　　金色　　橙色

　　玄关大量使用黑色与金色，明显呈现出了装饰主义的特征。墙面挂画选择欧式复古建筑室内画，充满典雅而怀旧的意味。画框的细节处理也相当到位，黑色木质画框为主体加以描金线条装饰，与黑色烤漆玄关桌加金属镜面装饰有异曲同工之处。空间中，经过艺术化处理的装饰元素，不论是金属镜面还是木质烤漆，都在这里碰撞、融合、共生。克制，但不冷漠，安静之中有着动人心弦的浪漫。

✏️ **空间实战运用解析**

背景色：象牙白

主体色：灰紫色 + 黑白色   点缀色：做旧金色

象牙白　　灰紫色　　黑白色　　做旧金色

　　黑色与金色的经典搭配贯穿在整个客厅中，为空间调和出一种复古又摩登的魅力气质。带些许灰度的紫色丝绒沙发，在中和了金属与石材硬朗的气质的基础上，又多了一分梦幻般的神秘与柔和。墙面上的金色镂空装饰挂件，更是点睛之笔，与黑色、紫色完美融合，画风趋于抽象。在细节之处能发现饰品和台灯都采用了一些几何元素。空间在材质上有金属、玻璃、大理石，低调诉说着一个华丽而充满神秘的梦。

空间实战运用解析

背景色：灰色 + 浅棕色

主体色：浅褐色 + 姜黄色　　　　**点缀色：**草绿色 + 金色

　　装饰艺术中，色彩扮演着重要的角色，特别强调纯色、对比色和金属色的运用。宽阔的冶谈及聚会娱乐空间中，有温润的姜黄色泽介入，棉麻与丝绒材质的混搭使空间更具包容性。姜黄色与草绿色丝绒，加上拉丝金属在空间中的点缀，让人在精致典雅中又感受到了自然清新的味道，仿佛漫步在初秋的香榭丽舍大道上。壁炉的安置实现了现代摩登生活与经典法式文学跨时空的对话。

灰色　　浅棕色　　浅褐色　　姜黄色　　草绿色　　金色

空间实战运用解析

背景色：象牙白

主体色：蓝色 + 米白色　　　　**点缀色：**金色 + 黑色

　　这是一个将对比发挥得淋漓尽致的空间，金色与蓝色、丝绸与丝绒、大理石与玻璃，不同材质之间的碰撞让这个空间擦出了与众不同的火花，一扫视觉上的沉闷，给进入这个家的人带来一场视觉盛宴。黑色亮光金属楼梯，用打破常规的弧形作为装饰，纤细的线条与空间中其他线条相得益彰，于低调简约中散发古典气质，尽显装饰主义的奢华气质。每一种材质的选择，每一种颜色的搭配，每一个线条的把握，都兼具了视觉、听觉、触觉的功能效应，是艺术与家具性能的完美融合。

@ 集艾设计

象牙白　　蓝色　　米白色　　金色　　黑色

空间实战运用解析

背景色：黑色 + 白色

主体色：象牙白　　　　**点缀色：**金色

　　整个空间主要由黑色与白色组成。黑色暗纹壁纸有着很强的肌理感和一定的光泽度。象牙白色床头以几何纹样装饰，纯白色的床品则以简洁的黑色线条作为装饰。材质上并没有很浮夸，而是选择低调细腻纹理的布料以彰显低调的品质感。空间中黑与白搭配和谐，像钢琴上的黑白键，仿佛正在谱写一曲优雅而深沉的曲子。

@ 奥迅设计

黑色　　白色　　象牙白　　金色

一 第十节
现代简约风格配色方案

（10.1）风格配色要点

现代简约风格的特点是将设计的元素、色彩、照明、原材料简化到最少的程度，但对色彩、材料的质感要求很高，更重视几何造型的使用。在当今的室内装饰中，现代简约风格是非常受欢迎的。因为简约的线条、着重于功能的设计最能符合现代人的生活。

现代简约风格的色彩选择上比较广泛，只要遵循以清爽为原则，颜色和图案与居室本身以及居住者的情况相呼应即可。以色彩的高度凝练和造型的极度简洁，以最简单的配色描绘出丰富动人的空间效果，这就是简约风格的最高境界。

黑色和白色在现代简约设计风格中常常被作为主色调。黑色单纯而简练，节奏明确，是家居设计中永恒的配色。近年来，高级灰迅速走红，深受人们的喜爱，灰色元素也常被运用到现代简约风格的室内装饰中。此外，简约风格也可以使用苹果绿、深蓝、大红、纯黄等高纯度色彩，起到活跃氛围的功效。

● 常见配色方案

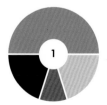

- C 51 M 41 Y 38 K 0
- C 0 M 0 Y 0 K 100
- C 20 M 15 Y 13 K 0
- C 57 M 60 Y 52 K 2

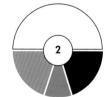

- C 0 M 0 Y 0 K 0
- C 41 M 33 Y 26 K 0
- C 0 M 0 Y 0 K 100
- C 30 M 46 Y 70 K 0

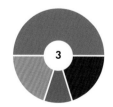

- C 58 M 50 Y 45 K 0
- C 40 M 30 Y 75 K 0
- C 70 M 73 Y 77 K 42
- C 80 M 45 Y 76 K 0

- C 32 M 21 Y 15 K 0
- C 27 M 24 Y 32 K 0
- C 0 M 0 Y 0 K 100
- C 0 M 43 Y 87 K 20

- C 11 M 7 Y 5 K 0
- C 56 M 35 Y 23 K 0
- C 18 M 95 Y 87 K 0
- C 23 M 38 Y 66 K 0

- C 22 M 16 Y 18 K 0
- C 70 M 60 Y 53 K 0
- C 31 M 31 Y 32 K 0
- C 42 M 47 Y 95 K 2

10.2 案例实战解析

📝 空间实战运用解析

背景色：白色 + 黑色

主体色：黑色 + 咖啡色　　　　　　　点缀色：玫瑰金

白色　　黑色　　咖啡色　　玫瑰金

　　黑色的镜面给空间带来了无限的延伸，现实与虚幻的微妙转变，呈现出奇妙的视觉效果。内敛的黑、纯净的白、调和的灰，好似空间里隐藏着更深层的欲望，有待发掘。经典的蘑菇云吊灯，更像一首冷峻而又炙热的诗，展现了颓废中的浮生之美。

📝 空间实战运用解析

背景色：炭黑色 + 皓白色

主体色：深灰褐 + 灰褐色 + 米褐色　　　点缀色：棕黄色

炭黑色　皓白色　深灰褐　灰褐色　米褐色　棕黄色

　　现代简约风格的配色大体可以分为三类：一类是表达明媚与爽朗的轻快色系，另一类是表达稳重优雅的典雅色系，还有一类是表达时尚与活力的时尚色系。本案正是通过色彩营造表达了现代人对优雅生活的品质需求。地面及背景造型的炭黑色和墙面、顶面的皓白色，构建了空间的环境色彩，给人带来冷静直接的色彩效果，沙发的深灰褐色与地毯的灰褐色、米褐色等同一色系的明度和纯度变化构建了空间的主体色彩部分，给人以安静稳重的色彩印象，而中纯度、中明度的棕黄色高级优雅，不骄不躁，恰到好处地给空间增添了一抹亮色。

白色　　绿色　　棕色　　红色

空间实战运用解析

背景色：白色 + 绿色

主体色：棕色　　　　　　　　　　　　　点缀色：红色

　　阳光成为本案空间装饰的重要参与者，夺目而难忘。简洁的白色墙面、棕色真皮沙发、经典的白色贝尔托亚椅、云朵间的书架，都体现出了主人的艺术品位。由三个造型各异的小件家具组成的茶几，简约而富有新意。大面积的绿色格子地毯与红色旋转雕塑形成了色彩冲撞，使得空间更显活泼。整个空间随着光影的变化，与快乐的乐章共舞。

炭黑色　　亮白色　　炭灰色　　钢灰色　　草木绿

空间实战运用解析

背景色：炭黑色 + 亮白色

主体色：炭灰色 + 钢灰色　　　　　　　　点缀色：草木绿

　　现代极简风格用色讲究克制，本案即为一例，墙面大面积的炭黑色与顶面的亮白色形成极强的明暗对照，创造出酷感的视觉效果，软装部分采用炭灰色和钢灰色来调和黑白对比产生的刺激感。现代极简风格通常采用两色构建，主要通过明暗关系来表达空间的层次感，并且少用色调值高的鲜艳色调，因此借景窗外的绿植成为点缀空间唯一的亮色调，表达出极简风格爱好者的生活态度。

月光白　　薄雾灰　　古典绿　　灰雪松绿　　赭黄色　　金色

空间实战运用解析

背景色：月光白

主体色：薄雾灰 + 古典绿 + 灰雪松绿　　　点缀色：赭黄色 + 金色

　　浅淡的月光白让空间看起来温暖而洁净，较之薄雾灰更有一种人间烟火的气息。古典绿与灰调的雪松绿色相近，两者间微弱的差异感让色彩更具层次感。地毯的赭黄色和装饰物的金色让冷相的基调色彩显得更有温度。看似空间里存在很多种颜色，但因为月光白与薄雾灰、古典绿与灰雪松绿、赭黄色与金色几组色彩之间的视觉呈现效果十分接近，虽色彩繁多，却多而有序，反而丰富了空间的层次感。

空间实战运用解析

背景色：白色 + 灰色

主体色：灰色 + 黑色 点缀色：金色

高级灰的色彩基调搭配反光的金属茶色边条，显得绅士、雅致。各种明度的灰配合着材质间的变化，时尚而平和。铜色镜面玻璃茶几呼应了空间里的金属边条，达到了平衡空间的效果。细节考究、材质舒适的现代经典家具，简约而不简单，彰显了本案空间的绅士气场。

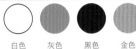

白色　　灰色　　黑色　　金色

空间实战运用解析

背景色：白色 + 灰色 + 深棕色

主体色：象牙白 + 卡其色 + 深棕色 点缀色：黑色 + 白绿色

灰色的背景色，奠定了本案空间的理性基调。天然大理石的独特造型搭配装饰画内的灵动线条，动感而震撼。深胡桃色的椭圆茶几，小巧而时尚，并且与地板颜色呼应和谐。客厅主体家具围绕白色、卡其色展开，白色的纯皮三人沙发占主体，搭配卡其色单椅及白色休闲踏，在视觉上统一有序。沙发上卡其色的抱枕，以纯色的褶皱纱作为修饰，精美绝伦。灰色系空间，以丰富的材质表现，同样可以打造出时尚的家居氛围。

白色　　灰色　深棕色　象牙白　卡其色　黑色　白绿色

空间实战运用解析

背景色：薄雾灰

主体色：薄雾灰 + 钢灰色 + 炭黑色 点缀色：中灰绿

薄雾灰、钢灰、炭黑三个无彩色构成了空间冷静理智的色彩基调，代表着希望与未来的绿色点缀其中，调和了单纯的无彩色产生的冷峻和乏味，中纯度、中明度的灰绿色给人以优雅的高级感。墙面挂件、沙发抱枕以及地毯纹样的炭黑色流畅贯通，纵向构图清晰。沙发上中灰绿的搭毯与左右两边的绿色花艺使横向的色彩构图得以完整，整个空间的色彩布局在视觉上平稳均衡。

薄雾灰　钢灰色　炭黑色　中灰绿

Color

Furnishing Design

—软装配色教程—

从 入 门 到 精 通

6

软装布艺的色彩搭配法则

COLOR

FURNISHING DESIGN

窗帘色彩搭配法则

1.1 窗帘配色重点

如果室内空间的色调柔和，为了使窗帘更具装饰效果，可采用强烈对比的手法，改变房间的视觉效果；如果房间内已有色彩鲜明的风景画，或其他颜色鲜艳的家具、装饰品等，窗帘就最好素雅一点。在所有的中性色系窗帘中，如果确实很难决定，那么灰色窗帘是一个不错的选择。

当地面同家具颜色对比度强的时候，可以地面颜色为中心选择窗帘；地面颜色同家具颜色对比度较弱时，可以家具颜色为中心选择窗帘。面积较小的房间就要选用不同于地面颜色的窗帘，否则会显得房间狭小。建议选择纯色窗帘时要与墙面颜色差三个色号，可以比墙面深三个色号，也可以比墙面浅三个色号。例如浅咖色的墙面，就可以搭配更深一点的浅褐色窗帘。白色墙面最容易搭配窗帘，无论哪一种颜色都可以与墙面颜色拉开，最常用的是灰色或浅咖色。在精装房中经常出现米黄色的墙面，一般搭配冷色窗帘效果更好。

◗ 选择纯色窗帘可比墙面深三个色号或浅三个色号

◗ 百搭的灰色窗帘适合多种装饰风格的室内空间

窗帘与抱枕相协调是最安全的选择，不一定要完全一致，只要颜色呼应。窗帘选择与其他布艺相协调的色彩也是一种稳妥的方式，例如窗帘和床品选择相近的颜色，卧室的配套感会特别强。

　　空间中的次色调一般来自那些带显著色彩或者独特图案的中小型物件，比如茶几、地毯、台灯、靠垫或者其他装饰物。像台灯这样越小件的物品，越适合作为窗帘的选色来源，不然会导致同一颜色在家里铺得太多。少数情况下，窗帘也可以和地毯色彩相呼应。但除非地毯本身也是中性色，可以按照地毯颜色做单色窗帘，否则就让窗帘带上点地毯颜色就可以，不建议两者都用一色。

　　在一些充满个性的软装环境中，选择单色的窗帘与其他单色主体进行对比或互补，能营造出简洁、活跃的空间氛围。例如绿色与粉色的强烈撞色，能为空间带来富有冲击力的视觉体验。

🔲 利用台灯作为窗帘的选色来源

🔲 选择与床品色彩相协调的窗帘搭配方案

🔲 运用色彩对比的手法搭配窗帘，给人以强烈的视觉冲击感

(1.2) 窗帘纹样搭配

窗帘纹样主要有两种类型，一种是几何抽象纹样，如方、圆、条纹及其他形状，另一种是自然景物纹样，如动物、植物、风景等。不论选择哪一种纹样，均应掌握简洁、明快、素雅的原则。可以考虑在空间中找到类似的颜色或纹样作为选择方向，这样的话一定能与整个空间形成很好的衔接。另外选择时应注意，窗帘纹样不宜过于琐碎，要考虑打褶后所呈现的视觉效果。

如果窗帘的纹样与墙纸、床品、抱枕、家具面料等纹样相同或相近，能使窗帘更好地融入整体环境中，营造和谐一体的同化感。如果选择与墙纸、床品、抱枕、家具面料等色彩相同或相近的窗帘，而在纹样上进行差异化设计，既能突出空间丰富的层次感，又能保持相互映射的协调性。如果家里已经放置了很多装饰画或者其他装饰品，整体空间的布置已经很丰富，那么可以考虑选择无纹样的纯色窗帘。

一般来说，小纹样文雅安静，能扩大空间感；大纹样比较醒目活泼，能使空间收缩。所以小房间的窗帘纹样不宜过大，选择简洁的纹样为好，以免空间因为窗帘的繁杂而显得更为压抑。大房间可适当选择大的纹样，若房间偏高大，选择横向纹样效果更佳。

窗帘色彩与空间其他布艺相同，但纹样差异化，在协调的同时可以更好地突出空间丰富的层次感

窗帘纹样与卧室其他布艺的纹样相同，可以营造和谐一体的同化感

几何抽象纹样的窗帘

自然景物纹样的窗帘

地毯色彩搭配法则

2.1 地毯配色重点

　　一般来说，只要是空间已有的颜色，都可以作为地毯颜色，但还是应该尽量选择空间使用面积最大、最抢眼的颜色，这样搭配比较保险。地毯底色应与室内主色调相协调，家具、墙面的色彩最好与地毯的色彩相协调，不宜反差太大，要使人有舒适和谐的感觉。软装搭配时可以将居室中的几种主要颜色作为地毯的色彩构成要素，这样选择起来既简单又准确。在保证色彩的统一协调性之后，再确定图案和样式。

> 　　很多地毯通常有两种重要的颜色，称为边色和地色。边色就是手工地毯四周毯边的主色，地色就是毯边以内的背景色，而在这两种颜色中，地色占了毯面的绝大部分，也是软装时应该首要考虑的颜色。

🔷 地毯与餐椅以及餐桌摆饰的色彩保持在同一色系，并通过纯度和明度的变化营造层次感

🔷 边色与睡床、沙发以及窗帘的色彩相协调，形成空间的主体色，地色与搭毯形成呼应，成为衬托色

@ 则灵艺术

🔷 地毯的色彩与墙面、单椅以及窗帘等室内主体色相协调

在铺地毯时，要让地毯的地色与家里的工艺饰品、装饰画或抱枕的颜色保持在同一个色系，这样就能避免空间的视觉杂乱感。此外，还可以选择一两个与地毯纹样类似的工艺饰品，这样就能最大程度地保证空间风格和谐。如果家里已经有比较复杂图案的装饰，比如窗帘、椅面和软装饰品等，再选择图案复杂的地毯，会显得空间过于张扬凌乱，此时可以退而求其次，选择一条小尺寸的地毯，更多的作用是装饰，将空间的氛围和质感烘托起来。

◆ 地毯与花艺形成巧妙呼应，避免空间出现视觉杂乱感

◆ 地毯选择与家具色彩形成对比的色彩，增加空间的活力感

在进行空间的软装搭配时，可以把地毯放在第一位考虑。地毯选好后，墙面、沙发、窗帘和抱枕都可以按照地毯的颜色去搭配，这样会省心很多。比如地毯地色是米色，边色是深咖色，花纹是蓝色，那么墙面和沙发可以选择米色，搭配一个或两个蓝色的单人休闲椅，窗帘可以选择米色或蓝色的，但尽量保证它们都是单色，花纹也不要过多，这样整个空间就会非常有气质。

◆ 地毯选择与家具同色系的色彩，创造一种柔和雅致的氛围

(2.2) 地毯色彩应用

　　纯色地毯能带来一种素净淡雅的效果，通常适用于现代简约风格的空间。相对而言，卧室更适合纯色的地毯，因为睡眠需要相对安宁的环境，凌乱或热烈色彩的地毯容易使心情激动振奋，从而影响睡眠质量。如果是拼色地毯，主色调最好与某种大型家具相协调，或是与其色调相对应，比如红色和橘色，灰色和粉色等，和谐又不失雅致。在沙发颜色较为素雅的时候，运用撞色搭配总会有惊艳的效果。例如黑白一直都是很经典的拼色搭配，黑白撞色地毯经常用在现代都市风格的空间中。

❖ 拼色地毯的主色调应采用室内主要家具的同类色或邻近色

❖ 素色地毯适合营造一种素净淡雅的效果

　　如果整个房间通铺长绒地毯，能起到收缩面积感、降低房高的视觉效果。地毯的色彩也尤为重要，深色地毯的收敛效果更好。在空间面积偏小的房间中，应格外注意控制地毯的面积，铺满地毯会让房间显得过于拥挤，而最佳面积应占地面总面积的二分之一至三分之二之间。此外，相比大房间，小房间里的地毯应更加注意与整体装饰色调和图案的协调统一。

❖ 现代风格空间中，黑白撞色的地毯更能表达出强烈的时尚气息

在色调单一的居室中，铺上一块色彩或图案相对丰富的地毯，地毯的位置会立刻成为目光的焦点，让空间重点突出。在色彩丰富的家居环境中，最好选用能呼应空间色彩的纯色地毯。

在光线较暗的空间里选用浅色的地毯能使环境变得明亮，例如纯白色的长绒地毯与同色的家具、墙面相搭配，就会呈现出一种干净纯粹的氛围。即使家具颜色比较丰富，也可以选择白色地毯来平衡色彩。在光线充足、环境色偏浅的空间里选择深色的地毯，能使轻盈的空间变得厚重。例如面积不大的房间经常会选择浅色地板，正好搭配颜色深一点的地毯，会让整体风格显得更加沉稳。

如果地面与某一件家具在色彩上有着太过于明显的反差，通过一张色彩明度介于两者之间的地毯，就能让视觉得到一个更为平稳的过渡。如果地面的颜色与家具的颜色过于接近，在视觉上很容易混为一体，这个时候就需要一张色彩与两者有着明显反差的地毯，从视觉上将它们一分为二，而且地毯的色彩与墙面、家具的反差越大效果越好。如果空间中地面与主体家具的颜色都比较浅，很容易造成空间失去重心的状况，不妨选择一块颜色较深的地毯来充当整个空间的重心。

❏ 色调单一的居室中，色彩与图案丰富的手工地毯成为空间的视觉重点

❏ 如果家具与地面色彩反差较大，地毯的作用是让两者之间在视觉上形成平稳的过渡

❏ 如果家具与地面的颜色过于接近，需要选择一张色彩与两者形成明显反差的地毯

2.3 地毯纹样搭配

　　简单大气的条纹地毯几乎成为了各种家居风格的百搭地毯，只要在地毯配色上稍加留意，就能基本适合各种风格的客厅。在软装配饰纹样繁多的场景里，一张规矩的格纹地毯能让热闹的空间迅速冷静下来而又不显突兀。几何纹样的地毯简约不失设计感，不管是混搭还是搭配北欧风格的家居都很合适。有些几何纹样的地毯立体感极强，适合应用于光线较强的房间内。时尚界经常会采用豹纹、虎纹为设计要素。这种动物纹理天然地带着一种野性的韵味，这样的地毯让空间瞬间充满个性。植物花卉纹样是地毯纹样中较为常见的一种，能给大空间带来丰富饱满的效果，在欧式风格中，多选用此类地毯以营造典雅华贵的空间氛围。

条纹地毯

格纹地毯

几何纹样地毯

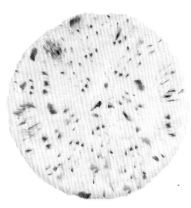

动物皮毛纹样地毯

植物花卉纹样地毯

第三节
床品色彩搭配法则

3.1 床品配色重点

卧室的床品包括床单、被子和枕头以及抱枕等，其色彩和图案直接影响卧室装饰的协调统一，从而间接影响到睡眠心理和睡眠质量。

卧室的主体颜色是整体，床品是局部，所以不能喧宾夺主，只能起点缀作用，要有主次之分。

为了营造安静美好的睡眠环境，卧室墙面和家具的色彩都会比较柔和，床品通常根据卧室主体颜色搭配相似颜色。为了渲染生机，选择带有轻浅图案的面料，会打破色调单一的沉闷感。例如卧室主体颜色是紫色，应搭配以白色为主带少许紫色装饰图案的床品，而不要再选择大面积为紫色的床品，否则整体就显得浑然一体，没有层次和主次感。

◆ 浅色的卧室空间适合选择鲜艳色彩的床品营造活力与生机

但是如果卧室的主体颜色是浅色，床品的颜色如再搭配浅色，这样整体就显得苍白、平淡，没有色彩感。这种情况下建议床品可搭配一些深色或鲜艳的颜色，如咖啡色、紫色、绿色、黄色等，整个空间就显得富有生机，给人一种强烈的视觉冲击力。反之，卧室主体颜色是深色，床品应选择一些浅色或鲜亮的颜色，如果再搭配深色床品，就显得沉闷、压抑。

◆ 为了营造安静美好的睡眠环境，床品通常根据卧室主体颜色搭配相似颜色

床品中的抱枕能起到画龙点睛的作用，各抱枕单品之间完全同花色是最保守的选择。要效果更好，则需采用同色系不同图案的搭配法则，甚至可以将其中一两件小单品配成对比色，如此一来，床品才能作为软装的重头戏，为房间增色。

3.2 床品色彩与居住人群的关系

在不同居住人群的居室中，床品选择的色调自然不一样。一般情况下，对于年轻女孩来说，粉色床品是最佳选择；成熟男士则适用蓝色床品，体现理性，给人以冷静之感。

如果是一个人居住，从心理上来说，颜色鲜艳的床品能够填充冷清感；如果是多人居住，条纹或者方格的床品是一个合适选择；如果卧室面积偏小，最好选用浅色系床品来营造卧室氛围；如果卧室很大，可选用强暖色床品去营造一个亲密接触的空间；如果卧室光线阴暗的话，那么建议不要选择绿色、蓝色、紫色等冷色系的床品，可以适当搭配一些暖色，例如浅麻色、米色、橘色等。

◆ 粉色床品适合年轻女性的卧室

◆ 蓝色床品体现成熟男士的理性

◆ 格纹床品适合多人居住的卧室

◆ 鲜艳色彩的床品让房间显得热闹起来

(3.3) 床品纹样搭配

想要营造奢华的氛围，床品需用料讲究，多采用高档舒适的提花面料。大气的大马士革纹样、丰富饱满的褶皱以及精美的刺绣和镶嵌工艺都是重要元素；有序列的几何纹样能带来整齐、冷静的视觉感受，打造知性干练的卧室空间选用这一系列的纹样是个非常不错的选择；搭配自然风格的床品，通常以一款植物花卉纹样为中心，辅以格纹、条纹、波点、纯色等，忌各种花卉纹样混杂；格纹、条纹、卡通纹样是儿童房床品的经典纹样，强烈的色彩对比能衬托出孩子活泼、阳光的性格特征，面料宜选用纯棉、棉麻混纺等亲肤的材质。

> 如果想选择带有图案花纹的床品，可以考虑提花及刺绣工艺的类型，因为这些床品上的图案是利用机器在纺织过程中用棉线或人工而形成的图案，并不是利用印染工艺的化学剂印染上去的，因此不存含有致癌物质、可分解致癌芳香胺的染料。

🔹 植物花卉纹样的床品

🔹 大马士革纹样的床品

🔹 字母纹样的儿童房床品

🔹 几何纹样的床品

第四节
抱枕色彩搭配法则

4.1 抱枕配色重点

抱枕在软装设计中扮演着重要的角色，为不同风格的空间搭配不同颜色的抱枕，能营造出不一样的美感。抱枕不仅有纯色，还有各种图案、纹理、刺绣，因此在搭配颜色的时候，要把握好尺度，并且控制好抱枕与室内色彩的平衡。当整体色彩比较丰富时，抱枕的色彩最好采用同一色系且淡雅的颜色，以压制住整个空间的色彩，避免室内环境显得杂乱。如果室内的色调比较单一，则可以在抱枕上使用一些色彩强烈的对比色，不仅能起到活跃氛围的作用，而且可以让空间的视觉层次显得更加丰富。

若是对于抱枕的颜色搭配没有信心，那么可以尝试使用中性色的抱枕装饰家居。比如搭配一些带有纹样的白色、米色、咖啡色的抱枕，就能使沙发显得清新且不单调，并且能营造温暖的空间氛围。此外，也可以在以中性色为主的抱枕中间，搭配一个色彩比较显眼的抱枕来抓住视觉，让抱枕的整体色彩搭配显得更有层次。

中性色为主的抱枕中间搭配一个色彩比较显眼的抱枕，成为客厅的视觉焦点

在总体配色为冷色调的室内环境中，可以适当搭配色彩艳丽的抱枕作为点缀，能够制造出夺目的视觉焦点。而像紫色、棕色、深蓝色的抱枕带有浓郁宫廷感，厚重而典雅，并且透着浓厚的怀旧气息，因此比较适合运用在古典中式以及古典欧式的家居空间中。

色调单一的室内空间适合选择对比撞色的抱枕活跃空间的氛围

(4.2) 抱枕配色规律

想要选好抱枕的颜色，应该先了解空间中的主体色彩是什么。如果搭配了较多的花卉植物，其抱枕的色彩或者图案也可以花哨一点。如果是简约风格的家居空间，则可以选择搭配条纹图案的抱枕，条纹图案能够很好地体现出简约风格家居简约而不简单的空间特点。此外，如果房间中的灯饰非常华丽精致，那么可以按灯饰的颜色选择抱枕，起到呼应作用。根据地毯的颜色搭配抱枕，也是一个极佳的选择。

❖ 根据台灯和窗帘的色彩搭配抱枕

❖ 根据地毯色彩搭配抱枕

❖ 根据墙面色彩搭配抱枕

@ 美致家居设计

❖ 根据装饰画色彩搭配抱枕

不建议在沙发上放太多抱枕，以免影响沙发的正常使用。但如果想要尝试在沙发上堆放多个抱枕，则应进行合理的搭配设计。抱枕如果呈前后叠放的话，应尽量挑选单色系的与带图案的抱枕组合，大的单色抱枕在后，小的图案抱枕在前，这样在视觉上能够显得更加平稳。

4.3 抱枕与沙发的配色关系

深色系沙发如黑色、棕色、咖啡色等，容易给人沉闷的感觉，因此可选择一些浅色抱枕与之形成对比。但是要点亮整个沙发区，仅依靠浅色抱枕是不够的，还需要点缀一个色彩比较亮丽的抱枕，让它成为视觉焦点。如果不喜欢太过鲜明的深浅对比，也可以增加一点中性色的抱枕，在沙发区的抱枕组合中作为过渡。而一些色彩有深有浅的几何纹抱枕或者印花抱枕，也是装点深色沙发的不错选择。

浅色系沙发如米色沙发、白色沙发、浅灰色沙发等，给人的感觉会比较雅致，因此在抱枕选择上可以考虑用深色抱枕+中性色抱枕+个别装饰性抱枕来组合。深色抱枕可以让沙发区给人的感觉更鲜明，中性色抱枕则可以作为沙发区的平衡和过渡，装饰性抱枕可以是色彩相对比较亮丽的纯色或者印花抱枕。

彩色系沙发如蓝色、绿色、紫色、粉色、格子沙发或者其他色彩明快的纯色以及印花沙发等，抱枕的搭配则应该主要从协调和呼应的角度入手。通常情况下，用浅色抱枕+与沙发同色系的印花抱枕或者几何纹抱枕是相对比较稳妥的选择。如果房间里已经充满了各种图案的装饰品，并且彩色沙发本身也是有图案的，只要选择跟沙发主色调相同，同时又带有凹凸纹理的纯色抱枕即可。

❖ 彩色系沙发的抱枕色彩搭配方案

❖ 浅色系沙发的抱枕色彩搭配方案

❖ 深色系沙发的抱枕色彩搭配方案

(4.4) 抱枕纹样搭配

搭配合适的抱枕可以提升沙发区域的可看性，不同纹样的抱枕搭配不一样的沙发，也会营造出不一样的美感。虽然抱枕的纹样是居住者个性的展示，但表达也要注意恰当，纹样夸张另类的抱枕少量点缀就好，并不适合整屋分布。

如果居住者的性格比较安静斯文，建议抱枕选择纯色或者简洁的纹样；如果居住者个性张扬、特立独行，可以选择具有夸张纹样、异国风情的刺绣或者拼贴纹样的抱枕；如果居住者钟情文艺范儿，可以寻找一些灵感来自于艺术绘画的抱枕纹样；给儿童准备的抱枕，卡通动漫图案自然是最好的选择。

🔻 纹样夸张的抱枕彰显居住者的个性

🔻 纯色抱枕适合现代简约风格的居室

🔻 具有文艺气息的抱枕图案

Color

Furnishing Design

软装配色教程

从 入 门 到 精 通

7

一 第七章 一

COLOR

FURNISHING DESIGN

室内软装元素的配色技法

软装家具配色技法

1.1 家具配色重点

一个空间的整体配色方案可以先确定需要购买哪些家具，由此展开考虑墙面、地面的颜色，甚至包括窗帘、灯具、摆件和壁饰的颜色。例如通常沙发是客厅中最大件的家具，而一个空间的配色通常从主体色开始进行，所以可以先确定沙发色彩，为空间定位风格后，再挑选墙面、灯具、窗帘、地毯以及抱枕的颜色来与沙发搭配，这样在室内施工时，可以根据拟定的配色方案进行墙、地面的装饰，一定能与最终搬进来的家具形成完美的色彩搭配。如果事先不考虑家中所需要的家具，而是一味孤立地考虑室内硬装的色彩，在软装布置时有可能很难找到颜色匹配的家具。

如果购买了精装修房，室内空间的硬装色彩已经确定，那么家具的颜色可以墙、地面的颜色进行搭配。例如将房间中大件的家具颜色靠近墙面或者地面，这样就保证了整体空间的协调感。小件的家具可以采用与背景色对比的色彩，从而制造出一些变化，一方面增加整个空间的活力，又不会破坏色彩的整体感。

◆ 与墙面色彩融为一体的家具保证了整体空间的协调感

◆ 空间主体家具与墙面色彩形成反差，但与地面色彩形成呼应，整体和谐又不失活力跳跃的气氛

🔲 家具与墙面色彩形成对比，增加活力感

不同家具材质的色彩在搭配时应遵循一定的规律。例如藤制家具由自然材质制成，多以深褐色、咖啡色和米色等为主，属于比较容易搭配的颜色。如果不是购买整套家具，则需要与空间的颜色相搭配。深色空间应选择深褐色或咖啡色的藤艺家具；浅色的藤艺家具比较适合用在浅色家居空间。

第二种方案是将主色调与次色调分离出来。主色调是指在房间中第一眼会注意到的颜色。大件家具按照主色调来选择，尽量避免家具颜色与主色调差异过大。在布艺部分，可以选择次色调的家具进行协调，这样显得空间更有层次感，主次分明。

还有一种方案是将房间中的家具分成两组，一组家具的色彩与地面靠近，另一组则与墙面靠近，这样的配色很容易达到和谐的效果。如果感觉有些单调，那就通过一些花艺、抱枕、摆件、壁饰等软装元素的色彩进行点缀。

🔲 客厅沙发与墙面的色彩相近，单人椅与地面的色彩相近，这样的配色很容易达到和谐的效果

🔲 将主色调与次色调分离，大件家具按主色调进行选择，小件家具通过撞色活跃空间氛围

(1.2) 沙发配色技法

通常客厅空间建议选择中性色系、图案素雅的沙发为主。素色沙发只要简单搭配一些装饰品或墙饰，就能变换风格。白色或灰色是最佳的百搭选择，这两种是最不容易出错的颜色。但是白色不耐脏，所以淡灰色或者深灰色是比较好的选择。大花图案的沙发特别适合留白处理的客厅空间，以色彩来丰富空间的表情，可以营造不一样的居家氛围。

如果客厅宽敞而且采光较好，沙发可选择亮丽的大花、大红、大绿等色彩；如果客厅想营造古典氛围，挑选颜色较深的单色沙发或者条纹沙发最为适合；如果客厅墙面四白落地，选择深色面料会使室内显得洁静安宁、大方舒适；对于小户型来说，可以选择图案细小、色彩明快的沙发面料，采用白色沙发作为小客厅的家具是很明智的选择，它的轻快与简洁会给空间一种舒缓的氛围。

🔹 与墙面色彩融为一体的家具保证了整体空间的协调感

🔹 灰色系列的沙发适合搭配多种风格的客厅空间

🔹 条纹沙发适合营造古典氛围

1.3 茶几配色技法

在选择茶几色彩的时候需要考虑沙发与地面的颜色。通常如果地面是瓷砖，那么茶几就应该和沙发是同一色调或者相反色调。如果客厅地面是木地板，那么茶几的色调应该以沙发的近似色或者浅色为主。

通常茶几都使用中性色调，这样看起来未免有些单调乏味。其实不妨大胆尝试一下鲜艳色彩，让它和沙发形成对比色调。可以根据抱枕的颜色使用相同色系，这样在整体上虽然有撞色，但是又不会太突兀。

🔶 明黄色的茶几与沙发形成撞色，起到画龙点睛的装饰作用

🔶 中性色调的茶几最为常见，与沙发的搭配也容易形成协调感

🔶 茶几与沙发的色彩形成对比，富有视觉冲击感

239

第二节
灯具照明配色技法

2.1 灯具照明配色重点

灯光照明的配色不能仅仅依据个人的主观爱好来确定，而且还要与灯具本身的功能、使用范围和环境相协调。不同的灯具都有自身的特点和功效，对色彩的要求也就不同。同样的结构形式、装饰风格，不同的灯光总能塑造出截然不同的气质。

首先一定要清楚想营造什么样的空间氛围、空间有多大等一系列的问题。例如主要以暖色系为主，在打光时就注意暖色的分布和灯光的特性，一定要先布好主光源的定位，控制好光源的起点，在适当的距离利用一点冷色互补。

在一个比较大的空间里，如果需要搭配多种灯具，就应考虑风格统一的问题。例如客厅很大，需要将灯具在风格上做一个统一，避免各类灯具之间在造型上互相冲突，即使想要做一些对比和变化，也要通过色彩或材质中的某一个因素使两种灯饰和谐起来。如果一种灯具在空间里显得和其他灯具格格不入，是需要避免的。

空间氛围是决定灯光照明色彩的重要因素

在同一个空间中搭配多种灯具，需要在色彩或材质上进行呼应

2.2 灯具配色技法

灯具的色彩通常是指灯具外观所呈现的色彩，通常指陶瓷、金属、玻璃、纸质、水晶以及自然材质等材料的固有颜色和材质，如金属电镀色、玻璃透明感及水晶的折射光效等。

🔹 玻璃灯具

🔹 自然材质灯具

🔹 水晶灯具

🔹 陶瓷灯具

🔹 纸质灯具

现代风格的灯具大量使用金属色和黑白两色；工业风格空间如果选择带有鲜明色彩灯罩的机械感灯具，还能平衡冷调的氛围；大量白色和蓝色系的灯具广泛运用在地中海风格中；海岩和贝壳做出来的灯具，几乎都是米黄色；中式灯具的配色讲究素雅大气，主体淡色加重色搭配，对比鲜明，如果灯具的主体是陶瓷，则有青花和彩瓷之分，但是主色调依旧是讲究素雅，不会太过浓郁。

🔹 中式古典灯具上常见红色的传统图案，带有吉祥喜庆的美好寓意

🔹 表面做旧的金属灯饰具有鲜明的个性特征，可让人充分感受到空间的冷峻氛围

🔹 现代风格灯具造型简洁，多以钛银色或黑白色为主

🔹 地中海风格中常见蓝白色的蒂凡尼灯饰，由彩色玻璃制作而成

灯罩是灯具能否成为视觉亮点的重要因素，选择时要考虑好是想让灯散发出的光线明亮还是柔和，可以通过灯罩的颜色来做一些色彩上的变化。例如乳白色玻璃灯罩不但显得纯洁，而且反射出来的灯光也较柔和，有助于创造淡雅的环境气氛；色彩浓郁的透明玻璃灯罩华丽大方，反射出来的灯光也显得绚丽多彩，有助于营造高贵、华丽的气氛。

虽然通常选择色彩淡雅的灯罩比较安全，但适当选择带有鲜艳色彩的灯罩同样具有很好的装饰作用。一款色彩多样的灯罩可以给空间迅速提升活跃感，但选择的时候应观察整个房间里是否已经出现过很多花色繁复的布艺，否则选择素色的灯罩比较适合，在各类复杂的布艺里反而会更加突出。

🔹 乳白色玻璃灯罩适合创造淡雅的环境氛围

🔹 彩色灯罩具有很强的装饰作用

🔹 金属电镀色的灯罩具有轻奢气质的质感和光泽

在现代灯具的设计中，用途越来越被细化，针对性越来越强，比如儿童房灯具的色彩就非常艳丽和丰富。如果是以金属材质为主的灯具，那么在造型上不论多么复杂，在配色上也一定要比较简单，这样才更能体现灯具的美感。

2.3 灯光配色技法

在选购灯泡或灯管时，很多人也许只注意了它的功率，而很少关心它的光色。实际上光色对营造气氛具有十分重要的作用，因此选择灯光的颜色成为居室装饰中一件十分重要的工作。

目前适合家庭使用的电光源主要有两种，那就是白炽灯和荧光灯。白炽灯是由钨丝直接发光，温度较高，属于暖光源，光色偏黄。荧光灯则是由气体放电引起管壁的荧光粉发光，因此温度较低，属于冷光源，光色偏蓝。

🔷 冷色光源

自然采光

人工光源

🔷 自然采光与人工光源对于营造室内气氛的对比

🔷 暖色光源

一般来讲，选择灯光的颜色应根据室内的使用功能确定。由于客厅是个公共区域，所以需要烘托出一种友好、亲切的气氛，灯光颜色要丰富、有层次、有意境。餐厅为促进食欲，大多选用照度较高的暖色光，白炽灯和荧光灯都可以使用。卧室需要温馨的气氛，灯光应该柔和、安静，暖光色的白炽灯最为合适，普通荧光灯的光色偏蓝，在视觉上很不舒服，应尽可能避免采用。黄色灯光的灯具比较适合用在书房里，可以振奋精神，提高学习效率，有利于消除和减轻眼睛疲劳。厨房对照明的要求稍高，灯光设计尽量明亮、实用，但是灯光的颜色不能太复杂，可以选用一些隐蔽式荧光灯来为厨房的工作台面提供照明。卫浴间的灯光设计要显得温暖、柔和，可以烘托出浪漫的情调。

🔹 卫浴间运用紫色灯光烘托出浪漫的情调

🔹 卧室适合选择暖光色的白炽灯营造温馨的气氛

🔹 厨房操作台区域的灯光应明亮，光色不宜过于复杂

🔹 作为家人就餐区域的餐厅适合选用照度较高的暖色光

第三节
软装饰品配色技法

⟨3.1⟩ 挂镜配色技法

挂镜的镜面分为银镜、茶镜、灰镜等多种颜色，其中银镜是指用无色玻璃和水银镀成的镜子；茶镜用茶晶或茶色玻璃制成，十分具有现代感；灰镜在简约风格的家居装饰中应用比较广泛。

在实际的软装搭配中，可以根据不同的室内风格选择装饰镜的颜色。不过如果用于家居装饰，可以多考虑采用茶色镜面，茶镜可以营造朦胧的反射效果，具有视觉延伸作用，增加空间感，也比一般镜子更有装饰效果，既可以营造出复古氛围，也可以凸显时尚气息。茶镜与白色墙面或是浅色元素搭配时，更能强化视觉上的对比感受，但注意茶镜比较适合小面积的装饰应用。

◗ 灰镜

◗ 银镜

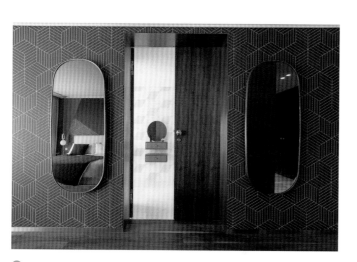

◗ 茶镜

246

此外，挂镜边框的色彩多种多样，选择时不仅要注意与整体风格相和谐，而且应注意与墙面的色彩的协调。

🔹 灰色镜框适用于现代风格或极简风格空间

🔹 蓝色镜框适用于混搭风格空间

🔹 绿色镜框适用于乡村风格空间

🔹 金色雕花镜框适合欧式风格空间

3.2 挂盘配色技法

　　简单素雅的纯色挂盘并不只有白色，还有多种丰富的花色可供选择，其中形状和大小的搭配也是值得注意的要素；青花挂盘具有年代感和文化韵味，仿佛能够感受到中国瓷器的兴盛，但又能打破传统技艺，添加新的富有生命力的内容；炫彩挂盘顾名思义就是颜色和图案比较大胆，类似于妆容上的"浓妆艳抹"，富有活力，特别适合年轻居住者的墙面装饰，如果想拥有自己喜欢的彩色盘子，但又找不到合适的颜色，可以用手绘的方式自己动手操作。作画的工具可以是马克笔，也可以用丙烯颜料，这些工具在一般的文具店都可以买到。

🔹 青花挂盘

🔹 色彩艳丽的挂盘带来活力感

🔹 黑白色的挂盘表现出现代感

🔹 炫彩挂盘

🔹 纯色挂盘

(3.3) 花器配色技法

花器的质感、色彩的变化对室内整体环境起着重要的作用。

陶瓷花器可分成朴素与华丽两种截然不同的风格，朴素是指单色或未上釉的类型；华丽则是指花器本身釉彩较多，花样、色泽都较为丰富的类型。

金属材质的花器给人的印象是酷感十足。不论是纯金属或以不同比例熔铸的合成金属，只要加上镀金、雾面或磨光处理及各种色彩的搭配，就能呈现出各种不同的效果，其中黄铜材质的花器和颜色深一些的绿植组合在一起更佳。

🔻 未经上釉的粗陶花器具有拙朴的质感

🔻 手绘彩釉的陶瓷花器显得典雅大方

🔻 雕刻精美的金属花器具有浓郁的古典气息

🔻 金属电镀的花器呈现出炫酷视觉美感

玻璃花器分为透明、磨砂和水晶刻花等几种类型。如果单纯为了插花用，选择透明或磨砂的就可以。刻花的水晶玻璃花瓶，除可用来插花外，其本身就是艺术品，具有极强的观赏性。彩色玻璃花器会比较限制花材颜色的选择，必须更具有创意巧思。从色彩上来说，玻璃花器含有钽的红色、含有钴的蓝色、含有铝的绿色、含有锰的紫色，使玻璃花器的色彩有了大的突破。另外，因色彩配方的不断调整，金黄色、紫红色、乳白色等也相继登场，五彩纷呈，形成了梦幻般的效果。

玻璃花器搭配方案

3.4 花艺配色技法

花艺讲究花材与花器之间的和谐之美，花器的色泽选择清雅素淡还是斑斓艳丽，都需要与所选花卉相结合。花材的颜色素雅，花器色彩不宜过于浓郁繁杂，花材的颜色艳丽繁茂，花器色彩可相对浓郁。一般来说，插花还可以利用中性色进行调和，如黑、白、金、银、灰等中性色的花器，对花材有调和作用。

花材之间可以用多种颜色来搭配，也可以用单种颜色，要求配合在一起的颜色能够协调。花艺中的青枝绿叶起着很重要的辅佐作用。枝叶有各种形态，又有各种色彩，如运用得体能收到良好的效果。在同一插花作品中，要以一种色彩为主，将几种色彩统一形成一种总体色调。花艺中所追求的色彩调和就是要使这种总体色调自然而和谐，给人以舒适的感觉。花材间的合理配置，还应注意色彩的重量感和体量感。色彩的重量感主要取决于明度，明度高者显得轻，明度低者显得重。例如在花艺的上部用轻色，下部用重色，或者是体积小的花体用重色，体积大的花体用轻色。

🍃 花材与花器呈邻近色搭配，给人以和谐的视觉感受

🍃 空间的整体色调偏深，花材与花器之间形成一组高明度的色彩对比，增加视觉亮点

🍃 选择中性色彩的花器，能更好地衬托出色彩艳丽的花材

每个花艺作品中的色彩不宜过多，一般以1—3种花色相配为宜。选用多色花材搭配时，一定要有主次之分，确定一主色调，切忌各色平均使用。除特殊需要外，一般花色搭配不宜用对比强烈的颜色。例如红、黄、蓝三色相配在一起，虽然很鲜艳、明亮，但容易刺眼，应当穿插一些复色花材或绿叶缓冲。如果不同花色相邻，应互有穿插呼应，以免显得孤立和生硬。

🌳 如果插花选用了多种颜色的花材，可考虑邻近色的搭配方案，例如红色与黄色的组合

🌳 白绿色的花材中加入一些粉色小花的点缀，给人以协调美感的同时又不显单调

🌳 高纯度色彩的花材适合作为空间的点缀色

🌳 花材应注意与家具以及其他摆件的色彩形成呼应

(3.5) 装饰画配色技法

通常装饰画的色彩分成两块，一块是画框的颜色，另外一块是画芯的颜色。搭配的原则是画框和画芯的颜色之间需要有一个和空间内的沙发、桌子、地面或者墙面的颜色相协调，这样才能给人和谐舒适的视觉效果。最好的方法是装饰画色彩的主色从主要家具中提取，而点缀的辅色可以从饰品中提取。

装饰画的色彩要与室内空间的主色调进行搭配，一般情况下两者之间应尽量做到色彩的有机呼应。例如客厅装饰画可以沙发为中心，中性色和浅色沙发适合搭配暖色调的装饰画，红色、黄色等颜色比较鲜亮的沙发适合配以中性基调或相近色系的装饰画。

🔹 从房间内的主要家具中提取装饰画的色彩，给人整体和谐的视觉效果

🔹 从抱枕等小物件中提取装饰画的色彩，并通过纯度的差异制造层次感

🔹 撞色搭配的装饰画组合富有趣味性，成为客厅中的视觉焦点

选择合适的画框颜色可以很好地提升作品的艺术性，比较常见的画框颜色有原木色、黑色、白色、金色、银色等。通常原木色的画框相对百搭，和北欧、日式等木质家具正好形成同色系。金色其实是木色的加深版，并不会因为金光闪闪而显得庸俗。黑色画框比较有个性，能更好地凸显装饰画的内容，也是很好的选择。

画框颜色的选择应主要根据空间陈设与画作本身的色彩而定。一般情况下，如果整体风格相对和谐、温馨，画框宜选择墙面颜色和画面颜色的过渡色；如果整体风格相对个性化，装饰画也偏向于采用选择墙面颜色的对比色，则可采用色彩突出的画框，形成更强烈和动感的视觉效果。黑色的画面搭配同色的画框需要适当留白，银色画框则可以很好地柔化画作，使画面看起来更加温暖与浪漫。

白色画框

黑色画框

原木色画框

金色画框

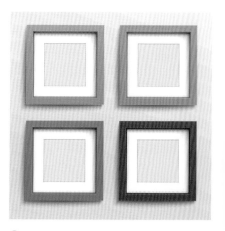
彩色画框

(3.6) 照片墙配色技法

照片墙应考虑整体色彩的搭配。如果怕彩色的照片显得太乱，可以整体用黑白色调，或者找个时间拍一组统一色调的照片。相框的颜色同样至关重要，在实际选择中，建议避免相框颜色和照片的主色相同。如果无法避免相同的话，那就用白纸先框住照片，再挂上相框，使得照片和相框之间留白。

一般白色的墙面，相框的组合颜色不要超过三种，常以黑色、白色、胡桃色为主。对于有射灯的墙面，建议选用深色的相框，如黑色、红木色、褐色、胡桃色等。

🍃 照片墙中如果出现彩色照片，设计时应注意与室内的小家具、抱枕、插花等其他软装小物件形成呼应

🍃 如果上方有射灯，黑色、褐色等深色类的相框能更好地衬托出画面

🍃 彩色照片墙应协调好每一幅照片之间的色彩关系，避免出现视觉上的突兀感

🍃 黑白照片墙通常是最稳妥的选择，并且适合多种风格的空间

本书特邀专家主编

黄 涵

高级室内设计师
国家二级色彩搭配师

英邸 (IN.D) 陈设艺术有限公司创始人 | 设计总监
广东省建筑软装协会软装导师
澳门国际设计联合会副秘书长

高级陈设设计师
日本 JCI 四级色彩搭配师

D-Fanny 软装布艺品牌创始人 | 设计总监
北京中关村学院环艺系客座讲师
烟台设计师协会艺术顾问

2018 年被评为"全国十大最具影响力设计师", 2017、2018 年荣获澳门"金莲花杯"设计师邀请赛软装类金奖、银奖、菁英奖。2015、2016 年被评为全国年度杰出设计师。独创《布艺配套设计法则》和《软装配色五步曲》,并运用于教学,指导数千软装从业者快速进行布艺搭配和软装配色工作。担任多种热销软装教材的软装专家顾问,参与编撰《软装家具与布艺搭配》和《软装设计元素搭配手册》两册专业书籍。受邀于北京中关村学院、广东省建筑软装行业协会、深圳装饰协会、新设荟等院校和机构担任软装导师。与大自然家居、和信国际家具、菲尼其家具、普洛达家具、简左简右家具、Demora 家具、N&B 布艺、美居乐布艺等知名家居品牌进行战略合作,为其进行产品配色、软装形象打造、展厅陈列设计并担任常年设计顾问。多次受邀于行业协会、组织机构及媒体进行学术分享和交流。创立英邸(IN.D)陈设艺术有限公司,并在深圳、杭州、长春、中山、赤峰、日照等地设立分支机构,服务于房地产样板间、酒店会所、高端私宅以及泛家居企业等板块的客户,获得广泛好评。

本书特邀专家编委

徐开明

进修于中国美术学院,具有 6 年平面设计师工作经验、10 年软装设计师工作经验,是国内第一批专业从事软装设计工作的先行者。具有较高的审美意识和艺术鉴赏力,熟悉软装艺术的历史风格,精通软装设计流程与方案设计。

曾在浙江、江苏等地主持过多家知名房地产企业的样板间软装搭配项目,并应邀赴国内多家软装培训机构讲学。

本书特邀专家编委

龙 涛

易配者软装学院创始人、敦煌国际设计周评委、中国软装美学空间设计大赛评委、亚太设计师奖易配者赛区主任、国际商业美术师协会特聘讲师、ICDA 高级室内设计师、高级软装设计师、全国职业技能鉴定中心注册全案设计师、中国软装行业流行趋势发布人、新时代复兴主义软装风格开创者。

曾出版图书《设计师成名接单术》《家居空间与软装搭配—别墅》《家居空间与软装搭配—豪宅》《100% 谈单成交术》。